Sicherer Umgang mit dem Chef

Alena Sarholz

2. Auflage

Inhalt

Vorwort

Vorgesetzte sind nicht immer so, wie man sie sich wünscht. Manche Mitarbeiter fühlen sich den wechselnden Launen Ihres Chefs ausgesetzt, andere wiederum haben das Gefühl, Ihrem Chef nichts recht machen zu können. Kurz: Der Umgang mit Autoritäten im Beruf ist eine Herausforderung – bei jedem Chef von Neuem. Um diese zu meistern, gibt es keine Rezepte und schon gar nicht können Sie den Charakter Ihres Chefs verändern.

Sie können jedoch mit selbstbewusstem Auftreten, einer Prise Diplomatie und kluger Kommunikation dazu beitragen, dass die Zusammenarbeit zwischen Ihnen und Ihrem Chef reibungsloser verläuft. Und dies vor allem dadurch, dass Sie die Basis dafür schaffen: gegenseitigen Respekt. Sie erhalten deshalb Anregungen zur Stärkung Ihrer Selbstsicherheit, die beim Umgang mit dem Chef das A und O ist. Außerdem erfahren Sie einiges über grundlegende Einstellungen gegenüber Autoritäten und wie Sie Ihre eigene Einstellung überdenken. Nicht zuletzt stelle ich Ihnen die wichtigsten Verhaltensstrategien für unterschiedliche Cheftypen vor und natürlich Lösungsstrategien für besonders schwierige Situationen.

Dieser TaschenGuide ist ein Gerüst, das Sie tragen soll. Ich wünsche Ihnen viel Erfolg!

Alena Sarholz

Selbstsicherheit – die Basis für den Umgang mit dem Chef

Selbstsicheres Auftreten gegenüber Ihrem Chef ist vor allem davon abhängig, mit welchem Respekt Sie sich selbst gegenübertreten. Ein gesundes Maß an eigener Wertschätzung erzeugt Selbstsicherheit im Berufsalltag.

Lesen Sie im folgenden Kapitel, wie Sie

- die Grundlagen für ein gesundes Selbstbewusstsein schaffen (S. 6),
- sich Ihrer Stärken bewusst werden und Ihre Schwächen akzeptieren (S. 13) und
- Ihr Selbstwertgefühl und Ihre Selbstachtung stärken (S. 17).

Glauben Sie an sich!

Die Basis für einen sicheren Umgang mit Vorgesetzten ist die eigene Selbstsicherheit, ganz unabhängig davon, in welcher Hierarchiestufe Sie sich bewegen. Doch das sagt sich so leicht. Lesen Sie einmal folgendes Beispiel und fragen Sie sich, ob Ihnen die Situation bekannt vorkommt. Sie ist ein Klassiker im Berufsleben, wobei der Mut von Frau Kraft nicht selbstverständlich ist.

Beispiel: Frau Kraft und ihr Chef

 Frau Kraft merkte, dass sie zunehmend unter dem Verhalten ihres Chefs litt. Sie erzählt:

Ich bekam immer mehr Arbeit auf den Tisch, oft auch die, die laut Vereinbarung eigentlich andere Kollegen hätten erledigen müssen. Das Allerschlimmste aber war, dass mein Chef sich oft hinter mich stellte und mich antrieb. Er redete mir auch immer dazwischen und gab mir Anweisungen.

Am Anfang dachte ich, ich halte besser den Mund und bin froh, dass ich den Job überhaupt habe. Ich wollte mich durchbeißen. Doch meine Motivation war dahin und ich fühlte mich immer schlechter. Irgendwann fing ich an, mich innerlich aufzubäumen. Wer bin ich denn? Wieso lasse ich es zu, dass man auf mir so herumtrampelt? Ich bin doch kompetent, respektiert mich hier denn keiner?

Ich beschloss zu handeln und bat meinen Chef um ein Gespräch. Als ich ihm gegenübersaß, sagte ich: „Ich habe um dieses Gespräch gebeten, weil ich finde, dass meine Fähigkeit unterschätzt wird, selbstständig zu arbeiten. Ich bitte Sie, mit mir gemeinsam einen Weg zu suchen, damit wir neue Lösungen finden, wie wir in Zukunft effektiv und respektvoll zusammenarbeiten können. Über die Verteilung der Aufgaben möchte ich auch mit Ihnen sprechen. Einige Lösungsvorschläge habe ich bereits ausgearbeitet."

Mein Chef war sehr überrascht, denn es war ihm gar nicht bewusst, was mich bisher belastete. Zu meiner Überraschung blieb er ganz ruhig, besprach mit mir sachlich und freundlich die ganze Angelegenheit. Wir fanden gute Lösungen. Seitdem fühle mich viel wohler in meinem Job.

Wenn Sie sich selbst ernst nehmen und respektieren, steigen die Chancen, von Ihrem Chef ebenfalls ernst genommen und respektiert zu werden.

Natürlich reagiert nicht jeder Vorgesetzte so positiv wie der von Frau Kraft. Doch eines ist sicher: Das Gespräch zu suchen, hat sich ausgezahlt, und das Beispiel zeigt: Wer mit seiner Arbeitssituation unglücklich ist und das seinem Chef sagen möchte, braucht zunächst vor allem eine gesunde Einstellung zu sich selbst.

Ihr Gefühl ist Ihr Kompass

Im beruflichen Alltag geht es darum, Emotionen als Realität wahrzunehmen und bewusst konstruktiv zu lenken, statt Sklave der eigenen Gefühle oder der anderer Menschen zu werden. Ärger, wie ihn Frau Kraft verspürte, ist ganz normal und zeigt Ihnen wie ein Kompass, dass es so nicht weitergeht. Vielerorts wird der Standpunkt vertreten, dass Gefühle im Business nichts zu suchen haben. Diese Einstellung berücksichtigt nicht die Tatsache, dass jeder gesunde Mensch reich an Gefühlen ist. Gerade diese Tatsache unterscheidet uns Menschen von Maschinen, Computern oder Robotern.

Trotzdem gilt es natürlich im Beruf, den Gefühlen nicht freien Lauf zu lassen. Denn: Ärger zu verspüren ist in Ordnung, aber ärgerlich zu handeln zieht meist ärgerliche Reaktionen des Gesprächspartners nach sich. Deshalb sollten Sie Ihre Gefühle in schwierigen Situationen ruhig wahrnehmen, jedoch nach außen hin kontrollieren, beispielsweise durch einen angemessenen Ton. Werden sie zum Beispiel ständig unterbrochen, sollten Sie zunächst einmal tief ein- und ausatmen und dann sagen: „Darf ich meine Idee zuerst in Gänze ausführen?", oder „Wenn es Ihnen recht ist, stelle ich zunächst erst einmal meine Vorstellungen im Zusammenhang dar."

Konstruktives Denken hilft

Bei Ihrer Arbeit haben Sie jede Sekunde die Wahl, positiv oder negativ zu reagieren. Konstruktiv zu denken bedeutet, Ihre negativen Annahmen („Ich werde nicht ernst genommen") zu überwinden und Ihr Handeln damit positiv zu beeinflussen.

So denken Sie konstruktiv

Gehen Sie davon aus, dass Sie Ihr Vorgesetzter grundsätzlich respektiert. Das ist eine konstruktive Annahme. Wenn er Sie zum Beispiel unterbricht,

- ist er möglicherweise unter Zeitdruck oder
- er hat längst den Kern Ihrer Idee erfasst oder
- ihm ist etwas an Ihren Ausführungen noch nicht klar.

Nachstehende Gedankengänge sollen Ihnen helfen, einen klaren Kopf zu behalten, damit Sie auch in Stresssituationen handlungsfähig bleiben:

- Ich respektiere mich und ich werde respektiert.
- Mein Chef hat aus seiner Sicht einen triftigen Grund, mich zu unterbrechen.
- Seine Unterbrechung bedeutet keine Ablehnung meiner Person, es ist lediglich ein Signal, die Strategie zu ändern.

- Ich bin fähig, auf dieses Signal mit einer Frage oder einer Bitte einzugehen.

Rechnen Sie mit allem, auch mit dem Guten.

Bleiben Sie standhaft

Beispiel: In der Teamsitzung

Sie befinden sich in einer Teamsitzung. Während Sie Ihre neue Idee erörtern, werden Sie von Ihrem Chef mehrmals unterbrochen, was Sie zunehmend verunsichert. Sie merken, dass Sie ärgerlich werden. Sie verlieren den Faden und beginnen, an Ihrem Vorschlag und an sich selbst zu zweifeln. Sie sind auf dem besten Weg, aufzugeben und lieber zu schweigen. Sie nehmen an, dass Sie nicht ernst genommen werden.

Dass Sie sich Gehör verschaffen und Ihren Gedanken zusammenhängend erläutern wollten, scheint auf den ersten Blick nur ein kleines Ziel zu sein. Doch die Praxis zeigt, dass viele Mitarbeiter und ihre guten Ideen schon an solch vermeintlich kleinen Zielen scheitern.

Machen Sie sich Ihre Ziele bewusst

Machen Sie sich bewusst, was genau Sie erreichen wollen. In unserem Beispiel haben Sie nur den Bruchteil einer Sekunde Zeit, um sich zu entscheiden, ob Sie sich einschüchtern lassen oder ob Sie zielorientiert handeln wollen. Zielorientiert zu handeln heißt:

- Seien Sie sich bewusst, dass Ihr Ziel legitim ist.
- Seien Sie entschlossen, Ihr Ziel zu kommunizieren.

Machen Sie sich mögliche Gründe bewusst

Geht es Ihnen öfter so, dass Sie letztendlich lieber den Mund halten aus Angst, Ihren Chef zu verärgern? Die Ursache für Ihre Zurückhaltung gegenüber Ihrem Vorgesetzten kann, so simpel das auch klingen mag, in Ihrer Kindheit liegen.

Die ersten Autoritäten, sozusagen Ihre ersten Chefs, waren Ihre Eltern, Großeltern, ältere Geschwister und andere enge Bezugspersonen. Möglicherweise hatten Sie wenig Mitspracherecht. Oft, wenn Sie Ihre Meinung äußern wollten, wurden Sie mundtot gemacht. Ihnen wurde unmissverständlich signalisiert, wer der Boss ist. Die Erwachsenen durften reden, Sie hatten zu schweigen. „Dafür bist du noch zu klein", „das verstehst du nicht", „sei ruhig und iss." Für Sie stand fest: „Erwachsene haben auch dann recht, wenn sie nicht recht haben!" und daraus entstand:

§ 1: Der Boss hat immer Recht.
§ 2: Hat der Boss einmal nicht Recht, tritt § 1 in Kraft!

Respektieren Sie Ihre Meinung

Vielen Menschen ist nicht klar, dass Sätze, die sie in der Kindheit mundtot gemacht haben, im Erwachsenenalter immer noch ihre Wirkung auf ihr Verhalten zeigen können. Solche Sätze sind eingespeicherte Befehle. Diese können Sie jedoch in Schach halten, indem Sie sich adäquate Denkgewohnheiten einüben:

- Ich bin ein Mitarbeiter dieser Firma und habe das Recht, meine Meinung zu äußern, wenn ich überzeugt bin, dass mein Beitrag wichtig für das Unternehmen und/oder für meine eigene Motivation ist.

■ Es steht mir zu, die Dinge aus meiner Sicht zu betrachten und darzustellen.

Wenn Sie in die Opferrolle verfallen und generell Ihrem Chef die Schuld zuweisen, reduzieren Sie Ihr Dasein auf die Position eines Untertans, der Geld verdienen muss. Letzteres ist zwar lebensnotwendig, aber Geld allein macht nicht glücklich. Sie haben hingegen die Wahl, Ihr berufliches Umfeld mitzugestalten.

Gestalten Sie mit

Mehr Lebensqualität im Beruf erreichen Sie, wenn Sie sich selbst als aktiven Gestalter betrachten. Ihr Vorgesetzter mag sein wie er will und Sie haben, hierarchisch gesehen, eine ihm unterstellte Position. Das bedeutet jedoch auf keinen Fall, dass Sie zu ihrem Chef aus der Froschperspektive aufsehen müssen.

Drehen Sie den Spieß doch einfach einmal um: Was wären denn all die Führungskräfte dieser Welt ohne Angestellte? Was wäre Ihr Chef denn ohne Sie? Er braucht Sie und Ihre Arbeit genauso, wie Sie selbst diese Arbeit brauchen. Deshalb lohnt sich Ihre Mitgestaltung für ihn und für Sie.

Beurteilen Sie Ihre Stärken und Schwächen

Ihre persönliche Stärken-Schwächen-Analyse

Nehmen Sie sich jetzt genau eine Minute Zeit. Schreiben Sie mindesten zehn positive persönliche Eigenschaften (zum Beispiel: ich bin geduldig, ich kann mich gut durchsetzen) oder Aspekte auf (zum Beispiel: ich habe einen großen Freundeskreis, ich werde geschätzt).

Jetzt haben Sie wieder genau eine Minute Zeit, mindestens zehn persönliche negative Eigenschaften (zum Beispiel: ich bin zu aufbrausend) und Aspekte (zum Beispiel: ich werde in Diskussionen oft unterbrochen) aufzuschreiben.

Vergleichen Sie jetzt die Resultate

Die meisten Menschen füllen die Liste mit den persönlichen negativen Eigenschaften sehr schnell aus. Das Ausfüllen der Liste mit den positiven Eigenschaften macht dagegen vielen zu schaffen. Sie brauchen dafür mehr Zeit und oft bleibt die Liste unvollständig.

Was bedeutet das? Wem es nicht leicht fällt, sich seine Stärken bewusst zu machen, der neigt dazu, sein eigenes Licht unter den Scheffel zu stellen. Aus dieser Einstellung heraus ist es nur schwer möglich, selbstsicher gegenüber Autoritäten aufzutreten.

Eine positive Einstellung ist Gold wert

Wenn eine Ameise darüber nachdenken würde, wie klein sie ist, wäre sie niemals imstande, einen Menschen zu beißen, um ihren Hügel gegen den Riesen zu verteidigen. Nun sind wir Menschen keine Ameisen und denken folglich ganz viel über uns nach. Und dies allzu oft negativ.

Helfen kann nur eine positive Selbsteinschätzung. Menschen, die sich selbst respektieren, sind fähig, ihr Selbstwertgefühl bewusst, eigenverantwortlich und kontinuierlich zu pflegen und zu stärken. Sie gehen mit sich selbst und anderen respektvoll um. Sie kennen eigene Schwächen und Stärken und entwickeln bewusst ihr Potenzial. Sie können auch über sich selbst lachen und Nein sagen, ohne Schuldgefühle zu haben.

Nutzen Sie Ihre Stärken

Werden Sie sich klar darüber, dass es weder normal, noch selbstverständlich ist, eine Idee zu haben und diese Ihrem Chef zu unterbreiten. Es ist eine Stärke, Ideen zu entwickeln und Initiative zu zeigen, einen wertvollen Beitrag zur Optimierung der Prozesse zu leisten.

Mitarbeiter mit Eigeninitiative werden von Führungskräften meistens sehr geschätzt. Doch nicht jede Idee wird freudigst begrüßt, geschweige denn umgesetzt. Diese Tatsache sollte Sie nicht veranlassen, über Ihre Stärke, initiativ zu sein, abschätzig zu denken oder den Rückzug anzutreten.

Im konstruktiven Umgang mit Ihren Stärken helfen folgende Denkansätze:

- Meine Idee ist wertvoll.
- Ich leiste einen wichtigen Beitrag.
- Ich besitze den Mut, Missstände anzusprechen, nach Lösungen zu suchen und diese auch zu finden.
- Ich kann aufmerksam zuhören.
- Ich stelle mich den Konflikten, statt vor ihnen davon zu laufen.

Akzeptieren Sie Ihre Schwächen

Kein Mensch auf dieser Erde ist perfekt, weder Sie noch Ihr Chef, und so wird es auch bleiben. Nehmen Sie also Ihre vermeintlichen Schwächen einfach in Kauf, etwa, wenn Sie in einer Teamsitzung den roten Faden verlieren. Schwächen zu akzeptieren heißt nicht, dass Sie sagen sollen „Hurra, so bin ich einfach, daran muss ich ab jetzt nichts ändern."

Vielmehr heißt es, dass Sie Ihre vermeintlichen Schwächen als einen Bestandteil Ihrer Persönlichkeit akzeptieren. Wer den roten Faden verliert, dem passiert etwas ganz Menschliches. Mit gezieltem Training, wie es auch Leistungssportler tun, lässt sich viel verbessern, zum Beispiel Ihre rhetorischen Fähigkeiten.

> Bedenken Sie stets: Sie selbst bestimmen Ihre Einstellung zu sich selbst und können Ihren Vorstellungen die gewünschte Richtung geben.

So stärken Sie Ihr Selbstwertgefühl

Selbstsicherheit und Selbstachtung sind für uns so wichtig wie Wasser und Brot. Beide zusammen machen das aus, was man als Selbstwertgefühl bezeichnet. Genauso, wie wir Nahrung zum Überleben benötigen, brauchen wir ein starkes Rückgrat in unserem Beruf.

Die Bedeutung der Selbstsicherheit

Selbstsicherheit ist das grundlegende Vertrauen in die Funktionsfähigkeit des eigenen Verstandes, in die eigene Fähigkeit zu denken, zu lernen, zu verstehen, zu wählen und eigene Entscheidungen zu treffen. Selbstsicherheit gibt uns das Vertrauen, unser Leben jederzeit aktiv gestalten zu können, statt hilflos den Ereignissen ausgeliefert zu sein. Sie ist die Basis für den Willen, trotz Schwierigkeiten, Fehlern, Risiken und Widrigkeiten offen zu sein für neue Prozesse.

So stärken Sie Ihre Selbstsicherheit

Machen Sie es wie die Sportler. Gehen Sie in Ihr eigenes mentales Fitness-Studio. Sprechen Sie (laut oder lautlos) mit sich selbst, indem Sie nachstehende Affirmationen (bejahende Sätze) öfter wiederholen:

- Ich kann im Umgang mit meinem Chef die Situation aktiv gestalten.
- Ich kann mich auf mein Können verlassen.
- Ich kann den Tatsachen ins Auge schauen und handeln.
- Ich erwarte zufriedenstellende Ergebnisse.
- Ich vertraue meinen Fähigkeiten.
- Ich kann mich auf meinen Verstand und meine Intuition verlassen.
- Ich vertraue mir voll und ganz.

Die Bedeutung der Selbstachtung

Selbstachtung bedeutet, dass man sich des eigenen Wertes sicher ist. Ein Mensch, der sich selbst achtet, weiß, dass er ein Anrecht hat, seine Gedanken, Wünsche, Bedürfnisse und Ideen zu äußern und sich konstruktiv zu behaupten.

Was die Selbstachtung schwächt

Im Großen und Ganzen findet man sich ja ganz in Ordnung, doch dann geht es los: Ich viel zu alt/zu jung, zu aufbrausend, zu aufgeregt, zu lahm, zu schwerfällig, zu gutmütig, zu zurückhaltend und überhaupt: meine Ausbildung, mein Talent lassen zu wünschen übrig. Und auch mit ihrem Aussehen sind nicht immer alle zufrieden.

Kurz und gut, der innere Kritiker ist ständig damit beschäftigt, Ihnen einzureden, dass Sie (wem auch immer) nicht genügen. Sie können sich den inneren Kritiker als einen schwarzen Raben vorstellen, der auf Ihrer rechten Schulter sitzt und an Ihrem Kopf herumhackt.

Wie können Sie den inneren Kritiker verbannen?

Ihre Gedanken können Sie sich nicht verbieten. Sie können sie jedoch in die gewünschte Richtung lenken.

- Sagen Sie rigoros „Stopp", wenn Sie destruktive Gedanken hegen. Verscheuchen Sie den schwarzen Raben. Er kommt zwar immer wieder mal angeflogen, doch Sie entscheiden, wie lange er auf Ihrer Schulter sitzen bleiben darf.

- Fördern Sie Ihr konstruktives Denken. Trainieren Sie diese Fähigkeit wie ein Leistungssportler, um sie jederzeit abrufen zu können.

So stärken Sie Ihre Selbstachtung

Gehen Sie wieder in das mentale Fitness-Studio und trainieren Sie folgendes Denkprogramm: Ich respektiere mich. Ich mag mich und ich nehme mich an, mit all meinen Facetten. Sie können sich einen weißen Raben - Ihren inneren Förderer - auf Ihrer linken Schulter vorstellen, der Ihnen durch konstruktive Informationen den Rücken stärkt. Dieses Denkprogramm drückt keineswegs aus, dass Sie in dem „Ich bin so, wie ich bin" stecken bleiben sollen. Sich selbst anzunehmen und zu respektieren, ist unerlässlich für ein gesundes Selbstwertgefühl. Doch diese Einstellung wird dann kontraproduktiv, wenn Sie darin erstarren. Ein gesundes Selbstwertgefühl ermöglicht Ihnen, an sich selbst zu arbeiten, sich zu wandeln, flexibel auf neue Situationen zu reagieren und dadurch selbstsicher im Umgang mit Ihren Vorgesetzten zu werden.

Vielleicht denken Sie jetzt: Eigenlob stinkt. Doch das ist nur eine halbe Wahrheit. Die Autorin Sabine Asgodom hat zu Recht einmal geschrieben: „Eigenlob stimmt." Jeder Mensch mit Selbstbewusstsein muss sich auch selbst anerkennen können.

Von der positiven Einstellung zum konstruktiven Verhalten

Ob Sie auf Dauer mit Ihrem Chef klarkommen oder nicht, hängt auch von der inneren Haltung ab, die Sie ihm gegenüber einnehmen.

Lesen Sie hier,

- welche grundlegenden Haltungen Sie gegenüber Ihrem Chef einnehmen können (S. 22),
- wie Sie destruktive Einstellungen vermeiden (S. 31) und
- wie Sie die Voraussetzungen für ein gutes Verhältnis zu Ihrem Vorgesetzten schaffen können (S. 34).

Sie und Ihr Chef: vier grundlegende Haltungen

Beispiel: Die voreingenommenen Kollegen

Frau Lindner ist eine neu eingestellte Projektleiterin für Aus- und Weiterbildung in einem mittelständischen Unternehmen, das Farben und Lacke produziert. Ihre direkten Vorgesetzten sind der Personalleiter Herr Bayer und der Produktionsleiter Herr Kirchner. Frau Lindner erhält die Aufgabe, ein Schulungskonzept über zehn neue Produkte zu entwickeln, damit die Lieferanten mit diesem Konzept in der Lage sind, Anwenderseminare durchzuführen. Frau Lindner ist klar, dass sie auf die Zusammenarbeit mit Herrn Kirchner angewiesen ist. Denn sie hat das Expertenwissen für konzeptionelle Arbeit und Herr Kirchner hat das Expertenwissen für die Produkte.

In der Kaffeepause unterhält sich Frau Lindner mit einigen Kollegen über ihre neue Aufgabe. „Was, Sie sollen mit dem Kirchner ein Konzept auf die Beine stellen, diesem eingebildeten Schnösel und Frauenhasser? Der hat bei weitem nicht so viel auf dem Kasten, wie er müsste. Mit dem kriegen Sie bestimmt noch viel Spaß. Der ist nun wirklich bekannt dafür, dass er alle fertig macht."

Nun kann sich Frau Lindner aussuchen, ob sie die innere Einstellung der Kollegen übernimmt oder ihre eigene innere Haltung einnimmt.

Welche Einstellung haben Sie selbst?

Jeder Mensch handelt (oft unbewusst) aufgrund einer persönlichen positiven Absicht, sei es um eigene Werte und Vorstellungen zu wahren, um etwas zu erreichen oder abzuwenden. Angelehnt an Erick Berne und Thomas A. Harris gibt es eine konstruktive Einstellung zu sich selbst und zu anderen sowie drei eher kontraproduktive Einstellungen. Letztere bestehen darin, dass man sich selbst oder dem anderen bzw. sich selbst und dem anderen wenig Akzeptanz entgegenbringt. Die Konsequenz: Unsicheres oder überhebliches Auftreten, das fragliche oder keine Erfolge nach sich zieht. Dieses Modell wird im Folgenden auf die Mitarbeiter-Chef-Beziehung übertragen.

Ich bin o.k., aber mein Chef nicht

Bei dieser Einstellung finden Sie sich in Ordnung. Es kann jedoch sein, dass Sie sich überschätzen und deshalb Ihren Chef abwerten. Sie stehen ihm eher feindselig gegenüber oder haben Angst vor ihm. Er ist aus Ihrer Sicht der Einzige, der Schuld daran ist, dass es Probleme und Schwierigkeiten gibt. Wenn es diesen Chef nicht gäbe, glauben Sie, wäre im Betrieb alles in Ordnung. Sie neigen deshalb dazu, ihm zu schaden. Bewusst oder unbewusst denken oder reden Sie schlecht über ihn. Sie enthalten ihm wichtige Informationen vor, arbeiten an ihm oder an betrieblichen Strukturen und Vorgaben vorbei.

Was Sie mit dieser Einstellung erreichen

- Sie erzeugen eine schlechte Arbeitsatmosphäre.
- Sie erzeugen Misstrauen.
- Sie legen „Platzhirschgehabe" an den Tag (es soll auch weibliche Platzhirsche geben) und werden bekämpft.
- Sie leben die Strategie „Hauen und Stechen" oder

- sie sind passiv und leiden.
- Sie sind mitverantwortlich für Verzögerungen von Entscheidungen im Arbeitsprozess und für daraus entstehende Verluste.
- Sie haben wenig Chancen auf berufliches Fortkommen und können nur versuchen, dieses mittels Intrigen und Taktiererei oder Rebellion zu erreichen.

Fazit: Ein sicherer Umgang mit dem Chef ist mit dieser Einstellung kaum möglich.

Welche Überlegungen können hilfreich sein?

- Reflektieren Sie Ihre Einstellung zu sich selbst. Kann es sein, dass Sie ein positives Selbstwertgefühl mit einer Prise Überheblichkeit verwechseln?
- Finden Sie heraus, über welche Kompetenzen Ihr Vorgesetzter verfügt, die Sie selbst nicht haben.
- Fragen Sie sich, welche beruflichen Ziele Sie erreichen können, wenn Sie zu Ihrem Chef eine konstruktive Beziehung aufbauen.

Ist Ihr Chef wirklich ein leerer Anzug?

Wenn Sie sich nach eingehender Analyse wirklich hundertprozentig sicher sind, dass Ihr Chef ignorant und inkompetent ist, können Sie unter (mindestens) zwei Möglichkeiten wählen: Sie suchen das Weite und finden intern oder extern einen neuen Job oder machen sich selbstständig. Die zweite

Möglichkeit: Sie bleiben und finden es spannend, mit unterschiedlichen Überlebensstrategien zu experimentieren.

Weder ich noch mein Chef sind o.k.

Bei dieser Einstellung fehlt Ihnen eine gesunde Portion Selbstsicherheit. Sie neigen dazu, die Flinte zu schnell ins Korn zu werfen, und meinen, dafür zwei Gründe zu haben: Sie fühlen sich von anderen (und von sich selbst) allein gelassen und Ihr Chef ist (warum auch immer) unfähig, Ihnen zu helfen, auf einen grünen Zweig zu kommen. Letztendlich finden Sie es sinnlos, an einer konstruktiven Zusammenarbeit mit Ihrem Chef aktiv mitzuwirken. Was dabei herauskommt, ist Ihnen egal, Sie gehen von der Annahme aus, sowieso nichts ändern zu können.

Was Sie mit dieser Einstellung erreichen

- Sie verfallen zwangsläufig in Resignation und werden entweder depressiv, aggressiv oder beides.

- Sie arbeiten täglich im selben Trott, was Sie zusätzlich demotiviert.

- Ihre Potentiale verkümmern.

- Sie entwickeln Ängste gegenüber Veränderungen.

- Sie verlieren immer mehr den Blick für den Sinn Ihrer Arbeit.

- Sie werden links liegen gelassen oder unterdrückt.

Fazit: Ein sicherer Umgang mit dem Chef ist mit dieser Einstellung kaum möglich.

Welche Überlegungen können hilfreich sein?

- Werden Sie sich Ihrer Kompetenzen bewusst.

- Werden Sie sich der Kompetenzen Ihres Vorgesetzten bewusst.

- Fragen Sie sich, welche Vorteile es hat, Ziele zu haben und diese zu verfolgen: Es würde helfen, mitzugestalten und Vertrauen aufzubauen, sich selbst und den Gesprächspartner wertzuschätzen, statt zu leiden, zu schmollen oder zu resignieren.

Ich bin nicht o.k., mein Chef aber schon

Bei dieser Einstellung stellen Sie Ihr Licht unter den Scheffel. Sie ordnen sich unter und stellen Ihren Chef auf einen hohen

Sockel, da er sowieso stärker ist als Sie. Dadurch überhöhen Sie seine Position. Vieles, was Ihr Vorgesetzter von Ihnen verlangt, führen Sie unreflektiert aus, weil Sie die Vorstellungen Ihres Chefs für wertvoller halten als Ihre eigenen. Manchmal sind Sie übereifrig, dann wieder lassen Sie Arbeit einfach liegen, wenn er Sie nicht ausdrücklich darum bittet, dieses oder jenes zu tun. Nach dem Motto: „Wenn du mir nicht sagst, wie es weitergeht, kann ich auch nichts tun. Du bist verantwortlich, nicht ich. Deine Meinung zählt mehr als meine." Sie machen Ihren Chef zum Leithammel und sich selbst zum Schaf.

Was Sie mit dieser Einstellung erreichen:

- Sie werden meistens das Gefühl haben, nicht ernst genommen zu werden.
- Sie lassen sich von oben herab loben oder tadeln wie ein kleines Kind.
- Sie schätzen sich selbst gering ein und stellen Ihre Forderungen zurück.
- Sie werden von anderen mit links überholt, sogar von denen, die weniger kompetent sind als Sie.
- Es besteht die Gefahr, dass Sie mit Aufgaben überschüttet werden, die nicht in Ihrer Stellenbeschreibung enthalten sind.
- Sie treten in unnötig viele Fettnäpfchen.

Fazit: Vom sicheren Umgang mit dem Chef kann mit dieser Einstellung nicht die Rede sein.

Wie können Sie Ihre Einstellung ändern?

- Laden Sie Ihren Selbstwert-Akku auf: Werden Sie sich Ihrer Kompetenzen bewusst. Hier hilft Ihnen beispielsweise die Stärken-Schächen-Analyse von Seite 13.

- Übernehmen Sie mehr Verantwortung für Ihr Handeln.

- Zeigen Sie Stärke, indem Sie Ihre beruflichen Ziele und Forderungen Ihrem Chef gegenüber transparent machen.

- Werden Sie aktiv: Gestalten Sie mit.

Ich und mein Chef sind o.k.

Bei dieser Einstellung sehen Sie sich selbst und Ihren Vorgesetzten als Geschäftspartner. Es bleibt unbenommen, dass Ihr Chef auf der Hierarchieleiter eine höhere Position hat als Sie. Tatsache ist: Sie akzeptieren sich selbst und Ihren Chef ebenso. Sie wissen, was Sie wollen und gleichzeitig kennen und respektieren Sie die Ziele und Interessen Ihres Chefs.

Ihr Chef respektiert seinerseits Ihre Vorstellungen, die Sie ihm gegenüber selbstbewusst vertreten. Meinungsunterschiede werden als eine wertvolle Ressource betrachtet, die der Klärung und Lösungsfindung dient.

Was Sie mit dieser Einstellung erreichen

Ihr Vorgesetzter und Sie gehen aktiv aufeinander zu. Sie haben gute Chancen, Ihre beruflichen Ziele zu erreichen. Ihr Vorgesetzter

- schätzt Ihre Kompetenzen und bezieht Sie in die Entscheidungsprozesse mit ein,

- gewährt Ihnen Rückendeckung,

- gestaltet Kritik so, dass Sie diese annehmen und daraus lernen können,

- lässt Sie wissen, was er will und warum,

- überträgt Ihnen viel Verantwortung und gibt Ihnen dadurch Entscheidungsfreiheit,

- ist für Ihre innovativen Ideen offen,

- und Sie gehen aktiv aufeinander zu,

- hat immer ein offenes Ohr für Sie. Zuhören ist seine Devise,

- wird Ihnen viel abverlangen, jedoch niemals das Unmögliche.

Fazit: Ein sicherer Umgang mit dem Chef ist mit dieser inneren Einstellung gewährleistet.

Ihre innere Einstellung zu sich selbst und Ihrem Chef wirkt sich auf die Qualität der Zusammenarbeit aus. Den Charakter Ihres Vorgesetzten können Sie nicht ändern. Doch die Art und Weise, wie Sie über sich und über ihn denken, wirkt sich positiv oder negativ auf die Beziehungen und Verhaltensweisen aus.

Vorsicht, mentale Falle!

Jetzt können Sie einwenden, dass eine konstruktive innere Einstellung gegenüber dem Vorgesetzten nur dann möglich ist, wenn der Chef von vornherein ein kluger Kopf ist.

Nehmen wir an, Frau Lindner (s. S. 22) hat sich von ihren Kollegen beeinflussen lassen und geht auf Ihren Chef so zu, dass Sie ihn von vornherein unmöglich findet und die Zusammenarbeit nichts bringen wird.

Mit dieser Annahme ist Frau Lindner in eine Falle getappt. Sie hat unreflektiert die destruktiven Aussagen ihrer Kollegen über Herrn Kirchner übernommen. Innerlich hat sie auf Rückzug geschaltet und die Position eingenommen: „Ich akzeptiere weder mich noch meinen Chef." In ihrem Kopf kreisen Gedanken wie: Mein Chef ist überheblich, vor dem muss ich mich hüten, der wird mich klein machen, außer Druck und Ärger habe ich nichts zu erwarten, der drückt mich an die Wand. Mit diesen Gedanken sowie entsprechend unangenehmen Gefühlen geht Frau Lindner am nächsten Tag nervös und unsicher in die erste Projektbesprechung mit ihrem Chef.

Beispiel: Die missratene Besprechung

 „So, Frau Lindner, dann zeigen Sie mal, ob Sie überhaupt was Vernünftiges auf der Pfanne haben ...", sagt Herr Kirchner in leicht ironischem Ton, dann setzt er sich breitbeinig hin, lehnt sich genüsslich zurück und verschränkt die Arme hinter dem Kopf. Frau Lindner sieht sich in ihren Annahmen bestätigt und wird noch unsicherer. Die Besprechung wird für sie ein reiner Flop. Ohne nennenswerte Ergebnisse, lediglich mit einem weiteren Besprechungstermin ausgestattet, verlässt sie die Sitzung wie ein begossener Pudel. Sie beschließt, ihre innere Einstellung zu ihrem Chef mit dem Verfahren des mentalen Fitness-Studios zu ändern.

Wie Sie destruktive Einstellungen vermeiden

Es gibt einen einfachen Weg, Ihre Einstellung gegenüber sich und Ihrem Chef zu verbessern: Trainieren Sie Ihre mentale Fitness.

1. Schritt: Ihre Kompetenz-Checkliste

Im ersten Schritt erstellen Sie eine Kompetenz-Checkliste wie im folgenden Beispiel.

Beispiel

Frau Lindner macht sich bewusst, über welche Kompetenzen sie verfügt. Darüber hinaus sammelt sie Informationen über berufliche und private Kompetenzen Ihres Chefs.

Meine Kompetenzen/Eigenschaften/Vorzüge:

- Ich habe eine solide Ausbildung.
- Ich spreche mehrere Sprachen.
- Ich bin eine Expertin für die Entwicklung und Durchführung von Schulungsprogrammen.
- Ich bin Autorin eines Planspiels.
- Ich habe eine verantwortungsvolle Position in unserer Firma.
- Ich kann Geige spielen.
- Meine Freunde mögen und schätzen mich.
- Ich bin offen für Neues.
- Ich respektiere mich mit allen meinen Facetten.

Herr Kirschners Kompetenzen/Eigenschaften/Vorzüge

- Er hat eine solide Ausbildung.
- Er spricht mehrere Sprachen.
- Er ist Experte in der Produktion von Farben und Lacken.

- Er ist verantwortlich für die redaktionelle Bearbeitung unserer Werbeprospekte.
- Er hat eine Führungsposition.
- Er spielt Volleyball.
- Er unternimmt viel mit seinen Kindern und seiner Frau.
- Er ist offen für Neues.
- Ich respektiere ihn mit allen seinen Facetten.

Diesen Schritt gilt es diszipliniert zu üben und diese Listen mehrere Male am Tag bewusst zu lesen. Es ist im Grunde genau so wie beim Erlernen einer Fremdsprache: Wiederholung macht den Meister.

Wichtig: Es geht nicht darum, Schönfärberei zu betreiben. Ziel ist vielmehr, Ihre Einstellung zu ändern und eine wertschätzende Balance zwischen Ihren Kompetenzen und denen Ihres Vorgesetzten herzustellen.

2. Schritt: Vorstellungskraft nutzen

In diesem Teil des mentalen Trainings brauchen Sie Ihre Vorstellungskraft. Im zweiten Schritt üben Sie nämlich Ihr persönliches Denkprogramm ein: Stellen Sie sich dazu eine bevorstehende Situation vor und lassen Sie sie wie in einem Film ablaufen. Je besser Sie sich diese vorstellen, desto größer ist die Chance, dass sie auch tatsächlich so abläuft.

Beispiel: Das Ziel im Visier

 Frau Lindner kennt ihr neues Denkmodell: Sie akzeptiert sich selbst und sie akzeptiert ihren Chef. Sie sieht sich und ihn in einem Besprechungsraum. Die beiden begrüßen einander freundlich. Frau Lindner legt Herrn Kirchner den Projektablaufplan vor. Sie spürt und hört, wie sicher sie ihre Fragen stellt. Sie sieht, wie Herr Kirchner ihre aufrechte und offene Haltung spiegelt. Sie hört: „Frau Lindner, Sie erhalten von mir alle Informationen, die Sie benötigen. Und wenn es weitere Fragen gibt, können Sie sich jederzeit an mich und meine Assistentin wenden. Ich bin mir sicher, Ihr Projekt wird ein Erfolg."

Unbedingt notwendig ist, dass Sie sich Ihren inneren Filmablauf der zukünftigen Situation präzise ausmalen. Was genau sehen Sie, was genau hören Sie? Wenn Sie den Geruch eines guten Kaffees oder Tees mögen, integrieren Sie ihn in die Vorstellung.

Prüfen Sie Ihre Emotionen

Es ist wichtig, dass Sie ehrlich mit Ihren Gefühlen umgehen. Spüren Sie wirklich Freude bei der Vorstellung, Ihre innere Einstellung zu Ihrem Vorgesetzten zu ändern? Wenn nicht, woran liegt das? Fühlen Sie, wie Sie sich freuen auf das, was eintritt, wenn Sie Ihr Ziel erreicht haben? Ist dieses Ziel wirklich Ihr persönlicher Herzenswunsch?

Nur wenn Sie diese Fragen mit einem klaren Ja beantworten können, haben Sie gute Chancen, Ihr Ziel auch zu erreichen.

Sie verfügen über zwei persönliche Ratgeber: Ihren Kopf und Ihren Bauch. Wenn Ihre Ratio und Ihr Gefühl gleichermaßen einbringen, entwickeln Sie die nötige Kraft, effektiv zu arbeiten.

Beispiel: Konstruktives Denken

Frau Lindner praktiziert die Technik des mentalen Studios einige Tage lang. Sie bereitet sich intensiv vor und geht positiv in das Gespräch. Die negativen Aussagen ihrer Kollegen lässt sie vollkommen außer Acht. Sie verlässt sich ganz alleine auf ihr eigenes Urteil. Die nächste Besprechung und die weitere Zusammenarbeit mit Herrn Kirschner beruhen dadurch auf gegenseitigem Respekt. Frau Lindner ist zufrieden. Sie führt das Projekt erfolgreich zum Abschluss.

Übernehmen Sie wie Frau Lindner Verantwortung für Ihre grundsätzliche Einstellung zu Ihrem Chef. Tragen Sie Ihren Teil dazu bei, die Beziehung konstruktiv zu gestalten. Das lohnt sich, denn letztendlich profitieren Sie beide davon. Führungskräfte besitzen – genauso wie Sie – feine Antennen dafür, ob sie geachtet werden, oder ob man sie im Grunde genommen ablehnt. Wenn Sie die Kompetenzen Ihres Chefs grundsätzlich anerkennen, werden Sie es leichter haben, gute Gespräche zu führen und dadurch gewünschte Ergebnisse zu erzielen.

Wie Sie Ihren Chef richtig behandeln

Ihr direkter Vorgesetzter ist die wichtigste Person in Ihrem beruflichen Umfeld. Ob Sie beruflich erfolgreich sind und sich bei Ihrer Arbeit wohl fühlen, hängt also ganz entscheidend nicht nur von Ihnen, sondern auch von ihm ab. Durch seine positiven oder negativen Beurteilungen Ihrer Leistungen kann er Sie fördern oder bremsen. Und seine persönliche Zu- oder

Abneigung entscheidet weitgehend mit, ob Sie gerne zur Arbeit gehen, oder nicht.

Bauen Sie ein gutes Verhältnis zu Ihrem Chef auf

Akzeptieren Sie seinen Status

Ihre Grundeinstellung zu Ihrem Vorgesetzten sollte von dem Leitgedanken geprägt sein, ihn zu respektieren und ihn beim Erreichen seiner Ziele zu unterstützen. Manchen Mitarbeitern fällt es schwer, sich unterzuordnen. Sie sind der Meinung, dass das Verhalten oder die Führungskompetenz ihres Chefs mehr als zu wünschen übrig lässt. Dabei finden sie immer wieder Beispiele, wo und wann der Vorgesetzte sich falsch verhalten hat und generalisieren dies zu der unantastbaren Schlussfolgerung: Er ist sowieso eine Niete.

Die Vorgesetztenrolle des Chefs gilt es jedoch grundsätzlich zu respektieren. Das ist die Basis für eine gute Beziehung und entsprechend für eine gute Zusammenarbeit.

Akzeptieren Sie zwei Tatsachen bezüglich Ihres Chefs:

- Er hat deutlich mehr Verantwortung als Sie. Er muss für jede wichtige Entscheidung geradestehen. Dabei ist es unerheblich, ob Ihrem Chef das Unternehmen gehört, oder ob er „nur" Angestellter ist wie Sie. Er muss seine Kompetenzen einbringen.

- Falls er Angestellter ist wie Sie, muss er die Entscheidungen seiner Vorgesetzten mittragen und seine eigenen verteidigen. In jedem Fall hilft es Ihnen direkt und indirekt, wenn seine Arbeit gut läuft.

Finden Sie heraus, welche Ziele er verfolgt

Je genauer Sie sich mit den Zielen Ihres Chefs beschäftigen, desto treffsicherer können Sie ihm im Rahmen Ihres Aufgabengebiets entgegenkommen und ihn beim Erreichen seiner Ziele unterstützen. Ihr Chef gibt nur Anweisungen, erklärt Ihnen aber nicht seine eigentlichen Ziele? Erfragen Sie diese in einem persönlichen Gespräch mit ihm. Beispielsweise, wie viele Kundenkontakte pro Woche hergestellt werden müssen, ob die Anzahl der Reklamationen dringend verringert werden muss, wie das Auftragsvolumen dieses Jahr war und im kommenden Jahr gesteigert werden sollte.

Optimal ist es, wenn Sie nicht warten, bis Ihr Chef auf Sie zukommt, sondern selber die Initiative ergreifen. Mit Ihrem offenkundigen Interesse an den Sachzielen vermitteln Sie ihm die Sicherheit, dass er auf Sie zählen kann.

Bauen Sie verbale Brücken

Haben Sie manchmal den Eindruck, dass Ihr Chef Sie nicht versteht und deshalb eine eher ablehnende Haltung einnimmt? Dies kann daran liegen, dass Sie zwei unterschiedliche Kommunikationstypen sind. Die Tatsache, dass zwei Wahrnehmungswelten aufeinander treffen, führt manchmal zu Unbehagen und Missverständnissen, die schnell aus der Welt geschaffen werden können, wenn man weiß, woran es liegt.

Natürlich ist Kommunikation ein komplexer Vorgang und Missverständnisse können viele Gründe haben. Auf jeden Fall gibt Ihnen die Einteilung in drei unterschiedliche Kommunikationstypen eine erste, grundlegende Orientierung:

- **Der sehende Gesprächspartner:** Der visuelle Mensch verarbeitet Informationen über das Auge. Im Gespräch gebraucht er viel öfter als andere Kommunikationstypen Redewendungen wie „das sehe ich jetzt aber ganz anders", „das Ergebnis kann sich sehen lassen", „das sind glasklare Fakten", „kommen sie doch endlich mal auf den Punkt ..." Seine Welt sind Zahlen, Fakten, analytisches Vorgehen. Seine Sprache ist entsprechend kurz, knapp und strukturiert.

- **Der hörende Gesprächspartner:** Der auditive Mensch verarbeitet Informationen über das Gehör. Im Gespräch gebraucht er viel öfter als andere Kommunikationstypen Redewendungen wie „das klingt gut", „diese Tabelle ist nicht stimmig", „dieser Lösungsvorschlag hört sich gut an", „das Protokoll stimmt Wort für Wort." Seine Welt ist die Welt der Klänge, der Töne und Tonlagen, der Geräusche und der Musik mit ihren unterschiedlichsten Melodien und Tempi. Er hört das Gras wachsen und auch die leisen Zwischentöne.

- **Der fühlende Gesprächspartner:** Der fühlende Kommunikationstyp verarbeitet Informationen über taktile Eindrücke (80-Gramm-Papier fühlt sich anders an als 120-Gramm-Papier). Im Gespräch gebraucht er viel häufiger als andere Menschen Redewendungen wie „das ist ja nicht zu fassen", „ich habe das Gefühl, dass wir ganz gut in der Zeit sind", „bei dem Gedanken an die Inventur wird mir schlecht", „in dieser Abteilung herrscht spürbar ein angenehmes Klima." Seine Welt sind die Gefühle, er spricht oft um viele Ecken und kommt nicht gleich auf den Punkt.

Die unterschiedliche Art, wie Menschen die Welt wahrnehmen und dementsprechend ihre bevorzugte Sprache sprechen, ist der Grund für viele Missverständnisse und ablehnende Haltungen. Würden alle dieselbe Sprache sprechen und sich verbale Brücken bauen, viele Projekte und ihre Abwicklung wären im Berufsleben weitaus effizienter und unkomplizierter.

Beispiel: So hat das Gespräch keine Chance

 Mitarbeiterin: „Irgendwie habe ich das Gefühl, dass die Verkaufsveranstaltung vielleicht kein Erfolg wird."

Chef: „Wirklich? Schauen Sie, wir haben alle voraussehbaren Einwände des Kunden bereits berücksichtigt. Die Zahlen, die wir präsentieren, können sich wirklich sehen lassen."

Mitarbeiterin: „Also, ich glaube, dass in der Präsentationsmappe noch irgendetwas fehlt. Ich habe so eine Ahnung, dass der Kunde vielleicht an der Aktualität einiger Angaben rütteln könnte, auch wenn die im Großen und Ganzen in Ordnung sind. Wir könnten den Kunden verärgern, wenn wir ..."

Chef: „Sie immer mit Ihrer Gefühlsduselei. Ich brauche harte Fakten."

An diesem Beispiel wird deutlich, wie die Mitarbeiterin durch Sprache an ihrem visuell orientierten Chef vorbeigeredet hat. Das passiert in der Berufswelt sehr häufig.

Beispiel: So gelingt die verbale Brücke

Mitarbeiterin: „Ich habe die Präsentationsmappe für die Verkaufsveranstaltung noch einmal genau unter die Lupe genommen. Schauen Sie, Ihre Zahlen auf Seite 3 sind zwar korrekt, doch die Angaben in der fünften und sechsten Spalte sind nicht mehr aktuell. Ich schlage vor, dass ich entsprechende Änderungen vornehme. Wie sehen Sie das?"

Chef: „Das sehe ich genauso. Vielen Dank für Ihre Initiative. Können Sie die Änderungen bis 15 Uhr fertig machen?"

Verbale Brücken zum Vorgesetzten zu bauen bedeutet, ihn sprachlich zu spiegeln. Lernen Sie Formulierungen Ihres Gesprächspartners kennen und bauen Sie diese ein. Das bedeutet nicht, dass Sie Ihren Chef nachahmen sollen, sondern dass Sie ihm gern entgegenkommen, damit er Sie besser versteht und „willkommen heißt." Es ist dasselbe Prinzip, wie wenn Sie ins Ausland fahren und wenigstens einige Wörter und Sätze einer fremden Sprache lernen, um sich besser verständigen zu können.

Ihre Körpersprache – elementar für eine gute Beziehung zu Ihrem Chef

Mit der verbalen Einstellung auf den Kommunikationstypen Ihres Vorgesetzten geht auch Ihre Körpersprache einher. Es ist interessant, dass viele Menschen der Körpersprache und ihrer Wirkung auf einen Gesprächspartner kaum Beachtung schenken, obwohl die Sprache des Körpers weitgehend darüber entscheidet, ob eine Beziehung gut oder schlecht ist. Je besser Ihre Körpersprache ist, desto einfacher wird der Umgang mit Ihrem Vorgesetzten.

Beispiel: Hände und Mimik verraten viel

 Frau Richter sitzt an ihrem Schreibtisch und gibt eifrig Daten in den Rechner ein. Darin ist sie schnell, und dafür ist sie auch bekannt. Ihr Chef tritt an Sie heran und will ein Anliegen vortragen. Sie gibt weiter ihre Daten ein und sagt ohne aufzuschauen: „Reden Sie ruhig weiter, ich höre zu." Nachdem er sein Anliegen vorgetragen hat, schaut sie kurz auf, verschränkt die Hände vor ihrem Bauch, runzelt die Stirn und sagt: „Ja, bis zehn Uhr kriege ich das fertig, kein Thema."

Die verbale Zustimmung von Frau Richter ist schon sehr gut. Doch mit der Körpersprache hat sie ihrem Chef signalisiert: Du gehst mir auf den Keks, du störst mich, wenn es dich nicht gäbe, könnte ich ungestört und noch schneller arbeiten, du und deine Aufgabe, ihr seid mir nur lästig.

Verbal ist Frau Richter zwar auf den Vorgesetzten eingegangen, doch mit ihrer Gestik und Mimik hat sie ihn also rigoros abgewiesen. Er nimmt den Eindruck mit: „Die macht zwar ihre Arbeit, aber sie respektiert mich nicht."

Was Frau Richter nicht weiß: Die meisten Kommunikationswissenschaftler gehen davon aus, dass die Körpersprache deutlich mehr Wirkung hat als die Inhalte der Worte. In Frau Richters Fall wird die positive Wirkung der klaren, unmissverständlichen Worte nur bei rund 5 %, des Tons bei 15 %, die negative Wirkung der ablehnenden Körperhaltung aber bei 80 % liegen. Sie glaubt zwar, Ihrem Chef gut zuzuarbeiten, erreicht jedoch auf der Beziehungsebene genau das Gegenteil.

So wird Ihre Körpersprache freundlicher

Wenn Ihr Chef wie im Fall von Frau Richter auf Sie zukommt: Lassen Sie alles stehen und liegen und wenden sich ihm aufmerksam zu. Schauen Sie ihn freundlich an, halten Sie Blickkontakt. Ein Lächeln bleibt selten allein und wenn Ihnen nicht danach zu Mute ist, können sie ihn zumindest trotzdem neutral anschauen, statt missmutig dreinzublicken oder in die Tastatur zu tippen. Ihre Hände sprechen Bände, eine offene Haltung signalisiert: Ich zolle dir Respekt, willkommen im Boot, ich nehme dich und dein Anliegen ernst.

> Die Körpersprache ist in ihrer Wirkung auf ihren Gesprächspartner stärker als die Worte. Freundliche Körpersprache, freundlicher Ton und konstruktiver verbaler Ausdruck sind ein effektives Trio für den Aufbau und die Pflege einer guten Beziehung.

Finden Sie heraus, was Ihr Vorgesetzter von Ihnen erwartet

Führungskräfte verstehen unter einer guten Leistung der Mitarbeiter nicht immer dasselbe. Zudem sind sie frei in der Festlegung von Aufgaben und Prioritäten. Um herauszufinden, was genau Ihr Chef von Ihnen erwartet, sollten Sie offen auf ihn zugehen.

- Fragen Sie ihn, nach welchen quantitativen und qualitativen Kriterien Sie beurteilt werden.
- Teilen Sie ihm mit, welche Ziele Sie sich selber gesteckt haben.

- Vereinbaren Sie mit ihm Mitarbeitergespräche in regelmäßigen Zeitabständen.

- Bitten Sie ihn um ein Feedback, damit Sie erfahren können, womit er zufrieden ist, was er erwartet und was zu optimieren ist.

Gehen Sie niemals davon aus, dass es schon ausreicht, pünktlich zur Arbeit zu kommen und fleißig zu sein, um als guter Mitarbeiter in den Augen Ihres Vorgesetzten zu gelten. Erst wenn Ihnen klar ist, was Ihr Chef von Ihnen konkret erwartet, können Sie Ihre Aktivitäten so entfalten, dass Sie als guter Mitarbeiter eingestuft werden.

Halten Sie Ihren Chef auf dem Laufenden

Die meisten Vorgesetzten wollen ständig auf dem Laufenden gehalten werden, damit sie ihrerseits wissen, dass sie die Abteilung im Griff haben. Gehen Sie niemals davon aus, dass Ihr Chef sowieso weiß, was Sie konkret machen und wie weit Sie sind. Ein ausreichender Informationsstand gibt jeder Führungskraft die Sicherheit, laufende Prozesse überschauen, kontrollieren und voranbringen zu können.

- Informieren Sie Ihren Vorgesetzten deshalb regelmäßig über den Stand der wichtigsten Projekte. Fragen Sie, in welchen Zeitabständen die Informationen fließen sollen.

- Fragen Sie, in welcher Form er informiert werden möchte. Manche Chefs wollen die Informationen alle schriftlich bzw. per E-Mail, anderen genügt ein Telefongespräch und wieder andere bevorzugen, in einem persönlichen Gespräch den Stand der Dinge zu erfahren.

- Wenn Probleme auftauchen, an deren Lösung außer Ihnen auch Ihr Vorgesetzter mitarbeiten muss, ist es erforderlich, ihn sofort zu informieren. Sagen Sie ihm immer, worum es konkret geht und verharmlosen Sie nichts. Sagen Sie, was Sie selbst zur Lösung beitragen können, und informieren Sie ihn anschließend über das Resultat.

Gehen Sie mit Fehlern selbstbewusst um

Beispiel: Ein grober Schnitzer

Herr Lenski ist leitender Angestellter in einer Firma für Personalentwicklung und Beratung. Zu seinen neuen Aufgaben gehört auch die Herstellung kurzer Lehrfilme für diverse Verkaufstrainingsmaßnahmen. Er schreibt die Drehbücher, engagiert Schauspieler und das Kamerateam, leitet die Filmaufnahmen. Am Ende eines Drehtages wird am Schneidetisch festgestellt, dass eine Filmszene komplett fehlt. Herrn Lenski gefriert das Blut in den Adern. Um den Schaden zu reparieren, müsste er alle an der Produktion Beteiligten noch einmal engagieren. Es werden zusätzliche Honorarkosten in Höhe von 2000 € entstehen. Außerdem wird der Film wahrscheinlich nicht rechtzeitig fertig und der Kunde wird verärgert sein.

Herr Lenski kommt ins Schwitzen, er macht sich Sorgen. Wird er nun als völliger Versager dastehen? Fängt er sich eine Abmahnung ein? Er weiß, zögern hilft nicht, jetzt muss er handeln. Er holt tief Luft und ruft den Geschäftsführer an. Er schildert gefasst die Situation. Zu seinem Erstaunen sagt sein Chef: "Ich habe soeben 2000 € in Ihre Fortbildung investiert. Dieser Fehler passiert Ihnen nie wieder. Bringen Sie die Sache bitte schnellstens in Ordnung."

Fehler sind menschlich, das ist bekannt. Gestehen Sie sich also selbst auch Fehler zu. Natürlich sind Fehler auch unerwünscht, aber nicht immer zu vermeiden. Der Mensch, heißt es, lernt mehr aus seinen Fehlern als aus seinen Erfolgen. Das stimmt vielleicht, allerdings heißt das nicht, dass derjenige, der die meisten Fehler macht, später auch immer der Schlaueste ist. Aus Fehlschlägen können Sie immer dann lernen, wenn Sie sich selbst und das Geschehene reflektieren. Betrachten Sie dies als eine wertvolle Quelle, um neue Erkenntnisse zu gewinnen.

- Geben Sie den Fehler unumwunden zu. Sie zeigen, dass Sie eine starke Persönlichkeit sind.
- Suchen Sie nicht nach Schuldigen oder Ausflüchten, übernehmen Sie selbst die Verantwortung.
- Überlegen Sie, wie Sie zur Schadensbegrenzung beitragen können und bieten Sie Lösungen an.
- Überlegen Sie, welche neuen Erkenntnisse Sie gewonnen haben und wie Sie diese für Ihre zukünftige Arbeit nutzen können.
- Überlegen Sie, wer außer Ihrem Chef über Ihre neuen Erkenntnisse informiert werden sollte, damit sich ein alter Fehler nicht noch einmal wiederholt.

Seien Sie grundsätzlich hilfsbereit

Wenn Ihre innere Einstellung stimmt, können Sie von der Maxime ausgehen: Ihr Chef ist Ihr Kunde. Sie erbringen unterschiedliche Dienstleistungen und „pflegen" ihn genauso wie Sie es bei einem Kunden tun würden. Wenn Sie denken, das ist zu viel verlangt, dann sollten Sie ernsthaft darüber nachdenken, den Beruf zu wechseln. Denn dann sind Sie grundsätzlich nicht bereit, eine gute Beziehung zu Ihrem Chef aufzubauen.

Dies tun Sie, wenn Sie ihm Ihre Hilfsbereitschaft durch konkrete Leistungen zeigen. Auch hier gilt wieder: Nicht eine untertänige Haltung ist gemeint, sondern aufmerksames und umsichtiges Handeln. Es gibt kein wirkungsvolleres Mittel, mit einem Chef gut klar zu kommen, als die Hilfsbereitschaft. Gehen Sie ihm daher zur Hand, sobald sich eine Gelegenheit ergibt.

Beispiele: Kleine Gesten, große Wirkung

- Helfen Sie ihm dabei, den abgestürzten Computer wieder zum Laufen zu bringen.
- Halten Sie ihm die Tür auf, wenn er schwer beladen den Raum verlassen will.
- Nehmen Sie seine Aufforderungen (natürlich wenn diese realistisch und vernünftig sind) mit einem „Klar, mache ich gerne" oder „Kein Thema, das geht in Ordnung" konstruktiv entgegen.
- Sehen Sie, dass ihm etwas herunter gefallen ist, was er später suchen könnte? Es fällt Ihnen kein Zacken aus der Krone, wenn Sie es aufheben und ihm reichen.
- Gehen Sie in die Kantine? Fragen Sie ihn, ob Sie ihm etwas mitbringen können.

Es gibt Hunderte von Möglichkeiten, Ihrem Vorgesetzten entgegenzukommen, Sie brauchen nur die Augen und Ohren aufzuhalten.

Wie Sie mit Dank umgehen

Wie man in den Wald ruft, so schallt es zurück. Das ist zwar ein gutes Sprichwort, doch in der Regel werden sie lange darauf warten müssen, bis sich Ihr Chef bei Ihnen bedankt, auch wenn er Ihr Entgegenkommen (hoffentlich) registriert.

Wenn er sich dennoch für diese oder jene hilfsbereite Geste bedankt (was es auch geben soll), dann bagatellisieren Sie Ihre Leistung nicht, indem Sie sagen „Das ist doch selbstverständlich." Damit laden ihn ein, Ihr Entgegenkommen nicht mehr zu würdigen. Eine bessere Antwort wäre: „Danke, ich freue mich, dass Sie es zu schätzen wissen.", oder „Bitte, das habe ich gern gemacht."

Bringen Sie Geben und Nehmen in die Balance

Geben ist seliger denn Nehmen. Dieser Spruch kann – vor allem für emphatische Menschen – zu einer bösen Falle werden. Wenn Sie Ihren Job gut machen und darüber hinaus Hilfsbereitschaft zeigen, ernten Sie dafür – das ist im beruflichen Alltag Realität – kaum Dank. Doch es ist um Ihrer selbst Willen Ihre Pflicht, einzufordern, was Sie benötigen. Kaum ein Vorgesetzter kommt zu Ihnen und sagt: „Sie geben schon seit Monaten Ihr Bestes, gehen Sie doch heute früher und gönnen Sie sich eine Sauna."

Wenn Sie große Hilfsbereitschaft zeigen, ohne Gegenleistung einzufordern, gehen Sie mit der Zeit unter. Fatal wäre allerdings, wenn Sie sich auf Ihre Hilfsbereitschaft berufen und etwa so um Verständnis bitten:

Beispiel

„Sie wissen ja, dass ich immer für Sie da bin. Aber dürfte ich bitte ausnahmsweise heute einmal pünktlich um 17 Uhr gehen. Ach, wissen Sie, ich bin total erschöpft."

Mit so einem Spruch machen Sie sich zum hilflosen und bedürftigen Sklaven. Eine gesunde Beziehung zu Ihrem Chef aufzubauen, bedeutet auch, dass Sie durch Ihre Haltung Ihren eigenen Wert ins richtige Licht setzen. Wenn Sie einfordern, was Sie benötigen, ohne sich dabei zu rechtfertigen, steigen Ihre Chancen auf gegenseitigen Respekt.

Beispiel

„Heute verlasse ich das Büro pünktlich um 17 Uhr. Sollte etwas Wichtiges vorliegen, legen Sie es mir bitte bis 15 Uhr auf den Tisch."

Ihr Chef hat dann die Sicherheit, dass er sich auf Sie verlassen kann, und Sie haben die Sicherheit, Ihr Bestes auch für sich selbst getan zu haben und wirklich pünktlich die Arbeit beenden zu können.

Hören Sie zu und bieten Sie Hilfe an

Es gibt Situationen, in denen Ihr Chef Ihnen seinen Ärger über irgendwelche Angelegenheiten oder Umstände zum Ausdruck bringt. Denken Sie konstruktiv und betrachten Sie die Situation als ein Zeichen des Vertrauens: Schenken Sie ihm Ihre volle Aufmerksamkeit und hören Sie genau zu.

Bieten Sie ihm Hilfe an, aber mit Fingerspitzengefühl. Machen Sie ihm Vorschläge, wie zum Beispiel: „Würde es die

Sache weiterbringen, wenn ich...?", oder „Was wäre, wenn wir...?", oder „Was halten Sie davon, wenn ich dies oder jenes versuche ...?"

Bieten Sie Hilfe an, doch seien Sie in Ihrer Wortwahl diplomatisch, lassen Sie die Worte „Hilfe/helfen" besser weg. Die meisten Führungskräfte wollen nicht hilfsbedürftig erscheinen. So, wie mancher Mann, der sich verfährt, den Teufel tun würde, einen Passanten um Hilfe zu bitten und nach dem richtigen Weg zu fragen.

Das 5-Minuten-Gespräch mit Ihrem Chef

Die meisten Führungskräfte hetzen von Termin zum Termin und so manche Missverständnisse entstehen, weil wichtige Informationen zwischen Tür und Angel ausgetauscht werden. Deshalb ist ein fünfminütiges Gespräch zur Klärung von Prioritäten und Modalitäten, das möglichst jeden Morgen stattfindet, von unschätzbarem Wert. Dies gilt insbesondere für Assistenz und Sekretariat sowie generell für alle Mitarbeiter, die sehr eng mit Ihrem Vorgesetzten zusammenarbeiten. Eine Episode macht den Sinn des kurzen Zeitaufwands deutlich:

Ein Spaziergänger geht durch den Wald und sieht einen Waldarbeiter, der unter großer Anstrengung und vollkommen durchgeschwitzt versucht, mit seiner Handsäge einen Baum zu fällen. „Was machst du denn da?" fragt der Spaziergänger. „Siehst du doch, ich will einen Baum fällen." „Du musst erst einmal deine Säge schärfen, dann wird es leichter gehen." Darauf antwortet der Waldarbeiter: „Dafür habe ich jetzt wirklich keine Zeit, das Baumfällen muss zunächst erledigt werden."

Ein 5-Minuten-Gespräch vor Arbeitsbeginn kann die gleiche Wirkung haben wie fünf Minuten für das Schärfen einer Säge. Die Arbeit wird wesentlich leichter und geht besser von der Hand. Sie können wertvolle Zeit gewinnen und die Abstimmung optimieren, wenn Sie mit Ihrem Chef am Anfang eines jeden Arbeitstages Rücksprache halten.

So überzeugen Sie Ihren Chef

Es gibt sieben gute Gründe, mit denen Sie Ihren Vorgesetzten überzeugen können, das 5-Minuten-Gespräch als eine feste Größe einzurichten, und zwar zum Beginn eines jeden Arbeitstags:

1 Sie können Ihre Prioritäten für den jeweiligen Arbeitstag aufeinander abstimmen. So werden böse Überraschungen vermieden.

2 Sie können ihn über wichtige Ereignisse oder Veränderungen, von denen er nichts weiß, informieren.

3 Sie erhöhen grundsätzlich den Informationsfluss und minimieren Fehlerquellen.

4 Sie können spezielle Fragen stellen und Informationen erhalten, die Sie für das erledigen dringender Aufgaben benötigen. Dadurch vermeiden Sie, dass Sie auf der Stelle treten, weil Sie warten müssen, bis er wieder Zeit hat.

5 Sie beide können den Tag gestärkt und gelassener beginnen.

Es kann nun aber sein, dass Ihren Chef die Argumente für ein 5-Minuten-Gespräch noch nicht überzeugen. Geben Sie deshalb aber auf keinen Fall gleich auf. Sie können ihm vorschlagen, zunächst einen Vier-Wochen-Test zu machen. Dadurch verliert Ihr Vorschlag den Schrecken der Endgültigkeit und Sie haben die beste Voraussetzung geschaffen, Ihren Chef von der Richtigkeit Ihrer Idee zu überzeugen.

Ihr Chef ist viel auf Reisen? Macht nichts. Telefonisch lässt sich die kurze Besprechung auch abhalten und notfalls können Sie auch einmal per E-Mail kommunizieren.

> Es ist allemal besser, vor Beginn einer Arbeit die Prioritäten und die Modalitäten festzulegen, als nach Feierabend nicht Erledigtes noch abzuarbeiten. So ersparen Sie sich und Ihrem Chef viel unnötigen Ärger.

Verhaltensstrategien für unterschiedliche Cheftypen

Vorgesetzte und ihre unterschiedlichen Führungsstile sind eine ständige Herausforderung für jeden Mitarbeiter. Doch wenn Sie die Ziele und Beweggründe Ihres Chefs genau kennen, haben Sie es leichter, Ihre eigenen Perspektiven zu erkennen und entsprechend zu handeln.

In diesem Kapitel lernen Sie erprobte Strategien für den Umgang mit den folgenden Cheftypen kennen:

- der Dominante (S. 52),
- der Harmoniebedürftige (S. 55),
- der Kompromissbereite (S. 57),
- der Überforderte (S. 60),
- der Tyrannische (S. 62),
- der Ideale (S. 66).

Der dominante Chef

Sein Verhalten

Der dominante Chef kennt nur drei Worte: Daten, Fakten, Ergebnisse. Seine Ziele hat er fest im Blick. Er erwartet von seinen Mitarbeitern, dass sie seine Anweisungen perfekt ausführen.

Er ist entscheidungsfreudig und konzentriert sich auf das Wesentliche. Aufgrund seiner gewöhnlich guten Ausbildung, seines Organisationsvermögens und der Erfahrung ist er grundsätzlich fähig, seine Mitarbeiter zum Erfolg zu führen.

Was schwierig sein kann

Doch die Sache hat einen Haken: Kehrt jemand schonungslos den Chef heraus, stecken dahinter oft Versagensängste. Dann wird er dominant und kontrolliert alles und jeden. Konflikte unterdrückt er durch autoritäre Anweisungen. Wenn Störenfriede oder Abweichler nicht gehorchen, versucht er sie zu degradieren, auszubooten oder betraut sie mit unattraktiven Aufgaben und droht mit dem Entzug von Vergünstigungen.

Werte wie Offenheit, gegenseitiges Vertrauen und Respekt sind für ihn beim Erreichen seiner Ziele dann zweitrangig. Gefühle (geschweige denn Befindlichkeiten seiner Mitarbeiter), Meinungen und Lösungsvorschläge anderer kümmern ihn wenig. Sie haben als Mitarbeiter seinen Anweisungen ohne Widerspruch zu folgen.

Beispiele für typische Aussagen

„Ich will Ihre Meinung nicht hören, das ist reine Zeitverschwendung. Nennen Sie Fakten."

„Reden Sie nicht so um den heißen Brei herum und kommen Sie endlich auf den Punkt."

„Sie hätten doch wissen müssen, dass wir den Liefertermin nicht einhalten können."

„Ich trage die Verantwortung, also gebe ich die Anweisungen und Sie führen sie aus."

Welchen Gefahren sind Sie ausgesetzt?

- Sie hören auf, sich mit Ihren Aufgaben zu identifizieren.
- Sie verlieren die Freude an Ihrer Arbeit.
- Sie machen Dienst nach Vorschrift.
- Sie leiden, entwickeln Ängste.
- Sie werden wütend.

Wie gehen Sie mit diesem Cheftyp um?

Sie können zwischen verschiedenen Möglichkeiten wählen. Diese Wahlmöglichkeiten sind jedoch nicht als konkrete Handlungsvorschläge gemeint, sondern als Anregung, darüber nachzudenken – dies gilt für die Vorschläge zu allen Cheftypen.

Wägen Sie die Möglichkeiten gut ab. Denn jede von Ihnen getroffene Wahl hat ihre eigenen Auswirkungen, sowohl für Sie persönlich, als auch für Ihre Abteilung oder für Ihr Unternehmen.

- Sie passen sich diesem Stil ohne zu klagen an. Sie führen Ihre Aufgaben nach Anweisungen aus, ohne diese zu hinterfragen. Motto: Es ist, wie es ist.

- Ihre Gefühle, Befindlichkeiten und Meinungen lassen Sie grundsätzlich aus dem Spiel, Sie halten sich ausschließlich an Daten, Fakten und Zahlen.

- Sie versuchen, das Verhalten Ihres dominanten Chefs Ihnen gegenüber zu ändern, indem Sie in einem Gespräch

  – seine fachlichen Kompetenzen und seine Ergebnisorientierung anerkennen und

  – ihm plausibel darstellen, welche Aufgaben Sie zur Sicherung der Ergebnisse eigenverantwortlich übernehmen wollen.

- Sie legen ihm in schriftlicher Form kurz und knapp Daten und Fakten vor, die Ihr Anliegen unterstützen.

- Sie schildern ihm kurz und knapp den Nutzen, den er hat, wenn er Sie eigenverantwortlich arbeiten lässt. Zum Beispiel: Sie verschaffen ihm mehr Freiraum für neue strategische Aufgaben.

- Sie sichern ihm einen konsequenten Informationsfluss mittels aller zur Verfügung stehenden Kommunikationsmittel über den jeweils aktuellen Stand Ihres Aufgabenbereichs zu. Fragen Sie ihn, welche Form der Informationsübergabe er bevorzugt.

- Lassen Sie ihn klar und deutlich wissen, dass Sie ihn und seine Position respektieren (anderenfalls droht Gefahr, dass er Sie als Rivalen betrachtet).

- Sie beschließen, eine grundsätzliche Veränderung in Ihrem Arbeitsleben herbeizuführen und finden einen neuen Arbeitsplatz innerhalb Ihres Unternehmens, damit sie eigenverantwortlich arbeiten können. Natürlich können Sie sich auch einen neuen Arbeitsplatz in einem anderen Unternehmen suchen oder sich selbstständig machen.

Der harmonische Chef

Sein Verhalten

Für diesen Cheftyp stehen seine Mitarbeiter, ihre Gefühle und ihre Zufriedenheit an oberster Stelle. Er ist freundlich, zugänglich, zuvorkommend und pflegt immerzu die entspannte Atmosphäre. Fälschlicherweise glaubt er, dass bei diesem Betriebsklima die Mitarbeiter von alleine hart und ergebnisorientiert arbeiten.

Er ist oft selbstgefällig, bewundert sich und manchmal auch andere. Auch schwache Leistungen werden gelobt, denn für Leistung und Qualität der Ergebnisse gibt es keine nennenswerte Messlatte.

Er hegt einen starken Wunsch nach Anerkennung und Zustimmung durch seine Mitarbeiter. Um beliebt zu sein, bringt er auch persönliche Opfer, da er sich vor Zurückweisung und Isolation fürchtet.

Was andere von ihm denken, ist ihm also noch wichtiger als eine effektive und effiziente Vorgehensweise.

Positives Feedback hört er gern. Kritik an Unzulänglichkeiten im Arbeitsprozess versucht er zu übertünchen. Kontroversen Diskussionen geht er aus dem Weg und entzieht sich damit jeder Verantwortung.

Beispiele für typische Aussagen

„Sagen Sie mir bitte Ihre Meinung, die ist für mich wichtig, um in der Sache weiterzukommen."

„Ich sage Ihnen, was ich von der Angelegenheit halte. Aber unterbrechen Sie mich ruhig, wenn Sie anderer Meinung sind, ich mache ja nur einen Vorschlag."

„Der Liefertermin konnte nicht eingehalten werden. Das ist ein kleiner Rückschlag, aber Sie schaffen das schon, unseren Kunden zu beruhigen."

Welchen Gefahren sind Sie ausgesetzt?

- Sie fühlen sich unterfordert.

- Sie verlieren den Blick für gute Ergebnisse und Professionalität.

- Mit Hinweisen auf uneffektive Zusammenarbeit halten Sie sich lieber zurück, einen so netten Chef kann man nicht einfach so kritisieren, und schließlich könnten Sie von ihren Kollegen auch noch als Nestbeschmutzer angesehen werden.

- Sie haben kaum die Möglichkeit zu entdecken, über welche Potenziale Sie verfügen.

Wie gehen Sie mit diesem Cheftyp um?

Sie haben die Wahl. Entweder Sie passen sich dem bequemen, harmonischen Stil an und schlittern gemeinsam mit Ihrem Chef und dem Team Schritt für Schritt in den wirtschaftlichen Bankrott. Oder:

- Sie bitten ihn, Ihnen und dem Team transparent zu machen, welche wirtschaftlichen Ziele in welchem Zeitraum erreicht werden sollen.

- Sie schauen genau hin, wenn Probleme auftauchen und sprechen sie an. Sie begnügen sich nicht mit tröstenden Worten. Sie bieten aufgrund von Fakten und Tatsachen Lösungen an und achten gleichzeitig darauf, dass Sie den Chef emotional positiv ansprechen.

- Sie setzen sich Ziele, die Sie persönlich erreichen wollen. Dann haben Sie gute Karten, Ihre Position zu stärken und auf den Sprossen Ihrer Karriereleiter hochzuklettern.

Der Kompromiss suchende Chef

Sein Verhalten

Den Kompromiss suchenden Chef zeichnet in der Regel Mittelmäßigkeit aus. Er hat Angst vor Blamage und Demütigung und geht deshalb in seinem Vorgehen auf Nummer sicher. Er ist risikoscheu und bevorzugt erprobte Strategien, ohne zu prüfen, ob diese für positive Ergebnisse noch relevant sind.

Um des Friedens willen ist dieser Cheftyp bereit, faule Kompromisse zugunsten althergebrachter Traditionen zu schließen mit dem Ziel, Neuerungen und Meinungsverschiedenheiten von vorn herein zu unterbinden.

Ein akzeptabler Mitarbeiter ist in seinen Augen derjenige, der sich in einem Team gut einordnet, der Vorschriften einhält und nicht aus der Reihe tanzt, der sich den Mehrheitsbeschlüssen unterordnet, auch wenn er anderer Meinung ist. Es ist ein Mitarbeiter, der einerseits Freude an der Arbeit haben soll, andererseits mit innovativen und kreativen Ideen zurückhaltend ist.

Aufgaben verteilt ein Kompromiss suchender Chef oft nach dem Gießkannenprinzip, ungeachtet dessen, wo die Stärken der einzelnen Mitarbeiter liegen.

Beispiele für typische Aussagen

„Das haben wir hier immer schon so gemacht."

„Die meisten hier sind mit diesem Vorgehen einverstanden, Ihre neue Idee halten Sie bitte für das nächste Projekt fest."

„Halten Sie sich an die Vorgaben, große Sprünge können wir uns hier nicht leisten."

„Lassen Sie uns auf Ihren Vorschlag zurückkommen, wenn die Zeit reif dafür ist. Warten wir ab, bis die Zeiten wieder sicherer werden."

Welchen Gefahren sind Sie ausgesetzt?

- Ihre innovativen und kreativen Ideen werden nicht näher beleuchtet und als „zu riskant" zugunsten von Mehrheitsbeschlüssen, Vorschriften oder Vorgaben „von oben" abgelehnt.

- Ihre Einsatzbereitschaft wird durch ein Gefühl der Ohnmacht sinken.

- Ihre individuellen Stärken werden nicht beachtet, Sie werden mit Ihren Kollegen über einen Kamm geschoren.

- Sie werden sich als einer von vielen vorkommen, der jederzeit austauschbar ist.

Wie gehen Sie mit diesem Cheftyp um?

- Sie passen sich den Normen, Vorschriften und Vorgaben an, bleiben im Mittelmaß stecken und werden womöglich mit zusätzlichen Aufgaben zur Sicherung der bestehen Gegebenheiten betraut.

- Sie haben einen langen Atem und präsentieren Ihre konstruktiven Vorschläge in regelmäßigen Abständen solange, bis ihre Relevanz geprüft wird.

- Sie präsentieren Ihrem Chef eine Liste mit Ihren Kompetenzen und bitten ihn, diese bei der Verteilung neuer Aufgaben zu berücksichtigen.

- Sie signalisieren ihm, dass Sie gerne die Verantwortung übernehmen, Risiken und Chancen Ihrer neuen Idee zu beleuchten, damit die Entscheidungsprozesse in kürzester Zeit abgeschlossen werden.

Der überforderte Chef

Sein Verhalten

Der Überforderte ist häufig jemand, der solange befördert wurde (durchaus aufgrund seines Könnens auf einem Spezialgebiet), bis er die Grenzen seiner fachlichen und sozialen Fähigkeiten überschritten hat. Es handelt sich um das sogenannte Peter-Prinzip, das vor allem in Verwaltungen vorkommt, wo das Dienstalter eine Rolle bei Beförderungen spielt.

Es ist ein Chef mit geringem Durchsetzungsvermögen, gepaart mit Entscheidungsschwäche. Mit seinen Mitarbeitern geht er entweder überheblich oder aufgesetzt freundlich um mit dem Ziel, seine fachliche Inkompetenz mit allen Mitteln zu überspielen.

Eine weitere Strategie eines solchermaßen Überforderten ist es, sich mit fremden Federn zu schmücken. Er verteilt Aufgaben mit der Absicht, diese unterschriftsreif vorgelegt zu erhalten und unter seinem Namen an eine höhere Instanz weiter zu leiten.

Er delegiert grundsätzlich alles, verbreitet dadurch einige Unsicherheit und überlastet seine Mitarbeiter mit Aufgaben, die er im Grunde selbst erledigen müsste. Seine Inkompetenz strahlt der Überforderte auch an seine Mitarbeiter ab. Das Ansehen der ganzen Abteilung kann unter einer solchen Führung nachhaltig sinken.

Beispiele für typische Aussagen

„In dieser Sache kann ich im Moment gar nichts machen. Vergessen Sie es einfach."

„Schauen Sie, wie Sie mit dem Bericht fertig werden und legen Sie ihn mir zur Unterschrift bis Dienstag um zwölf Uhr vor."

„Wie Sie entscheiden, ist Ihre Sache."

Welchen Gefahren sind Sie ausgesetzt?

- Sie verachten Ihren Chef und nehmen die Opferhaltung ein.
- Sie fühlen sich allein gelassen.
- Sie werden zunehmend frustriert.
- Sie müssen für Entscheidungen gerade stehen, die nicht in Ihrem Kompetenzbereich liegen.

Wie gehen Sie mit diesem Cheftyp um?

Natürlich können Sie kündigen – in so einem Fall manchmal die einzig mögliche Lösung. Sehen Sie jedoch Ansatzpunkte, etwas zu ändern, haben Sie folgende Möglichkeiten:

- Sie entwickeln Schadenfreude und leisten Ihren Beitrag zum schlechten Image Ihrer Abteilung mit dem Resultat, dass Arbeitsplätze in Gefahr geraten.
- Sie üben sich in Diplomatie und bitten Ihren Chef, Entscheidungen zu treffen, die nicht in Ihrem, sondern in seinem Kompetenzbereich liegen.

- Sie stärken die Beziehung zu Ihrem Chef und übernehmen Aufgaben, die Sie besser beherrschen als er. Sie legen eine Dokumentation an, die Sie dann zur gegebenen Zeit als Nachweis Ihres erweiterten Kompetenzbereichs nutzen können: bei Gehaltsverhandlungen, bei der Zeugniserstellung, bei Ihrer nächsten Bewerbung oder bei drohenden arbeitsrechtlichen Auseinandersetzungen.

Der Tyrann

Sein Verhalten

Der tyrannische Chef weist aufgrund seiner (streng gehüteten) Selbstzweifel und Minderwertigkeitsgefühle erhebliche charakterliche Defizite auf. Mit seinen Mitarbeitern geht er zumeist rücksichtslos um. Freundliches Auftreten zeigt er ausschließlich Personen gegenüber, die ihm hierarchisch übergeordnet sind oder von denen er sich einen momentanen Nutzen verspricht. Seine Devise lautet: Nach oben buckeln, nach unten treten.

Er kritisiert fortwährend, bauscht selbst kleinste Fehler dramatisch auf. Er übt permanent Druck aus und verbreitet Angst. Es ist ein kalt berechnender Machtmensch. Wenn etwas nicht genau so läuft, wie er sich das vorstellt, wird er aggressiv und verletzend, sucht nach Schuldigen und droht mit Sanktionen. Selbstkritik und Selbstreflexion sind für ihn Fremdworte. Der Tyrann bevorzugt ergebene Mitarbeiter, die der Erfüllung seiner Pläne dienen. Doch auch diese Mitarbeiter werden drangsaliert.

Beispiele für typische Aussagen

„Ich bin hier für das Denken zuständig und Sie für die Arbeit."

„Wenn Ihr Projekt nicht gut wird, erwarten Sie bloß nicht von mir, dass ich Sie da oben unterstütze ..."

„Entweder ich bekomme das Resultat in einer Stunde auf den Tisch oder Sie müssen mit ernsten Konsequenzen rechnen!"

Welchen Gefahren sind Sie ausgesetzt?

- Ihr Selbstwertgefühl wird geschwächt.
- Ihre Fehler häufen sich.
- Ihre psychische und körperliche Konstitution verschlechtert sich.
- Ihre Lebensqualität lässt zu wünschen übrig.

Wie gehen Sie mit diesem Cheftyp um?

Auch hier gilt natürlich: Sie haben die Möglichkeit, sich einen neuen Job zu suchen – und das ist einmal mehr die einzige eindeutige Möglichkeit. Alle anderen Möglichkeiten bieten ein für und wider:

- Sie schalten auf Durchzug, grenzen sich innerlich gegenüber Ihrem Chef ab, konzentrieren sich auf die Sache und finden Ihre Motivation in Ihrer Arbeit.
- Sie zahlen ihm seinen Angriff mit derselben Münze zurück unter der großen Gefahr, dass Sie den Kürzeren ziehen.

- Sie üben sich in der Kunst der Gelassenheit. Im Folgenden finden Sie eine Anleitung, wie Sie gelassener auf die Angriffe Ihres Chefs reagieren können.

So bleiben Sie mit Hilfe der Käseglocke-Methode gelassen

Menschen, die in kritischen Situationen ihre Ruhe bewahren, sind fähig, Emotionen bewusst in den Griff zu bekommen. Das heißt aber noch lange nicht, dass Sie Ihren Ärger oder Ihre Angst ständig unterdrücken sollen. Vielmehr geht es darum, die aufsteigenden starken Emotionen wieder in Balance zu bringen oder erst gar nicht aufkommen zu lassen. Um das zu erreichen, können Sie die mittlerweile als Klassiker eingestufte mentale Käseglocke-Methode anwenden. Diese Methode zeigt ihre Wirkung zumeist in Sekundenschnelle.

- Stellen Sie sich vor, Sie sitzen oder stehen unter einer Käseglocke aus Panzerglas. Denken Sie dabei an eine Situation, in der Sie trotz widriger Umstände ruhig und gelassen handeln konnten. Stärken Sie sich mental durch die Affirmationen:

  - Ich mag und respektiere mich mit allen meinen Fähigkeiten und Fehlern.

  - Respekt steht mir zu.

  - Ich bin sicher aufgehoben.

  - Ich bin bereit zu kämpfen, aber nicht auf seinem/ihrem, sondern auf meinem Niveau.

- Aus dieser inneren Haltung heraus sind Sie fähig, in einer kritischen Situation angemessen zu handeln. Atmen Sie dabei tief ein und aus und lassen Sie Ihren Chef erst einmal ausreden, auch wenn er noch so brüllt und tobt. Bleiben Sie bei seinen verbalen Attacken aufrecht stehen. Sollten Sie in diesem Moment sitzen, bleiben Sie in dieser Position aufrecht. Schauen Sie Ihrem Vorgesetzten in die Augen und sagen Sie ihm in ruhigem, freundlichem Ton, dass Sie ihn respektieren und dass Sie ebenfalls respektiert werden möchten, auch wenn Sie einen Fehler gemacht haben sollten. Bauen Sie ihm eine „goldene Brücke" und gehen Sie ruhig und sachlich auf sein Anliegen ein, damit auch er sein Gesicht wahren kann.

- Wenn Sie auf kritische Situationen bereits im Vorfeld gut vorbereitet sein wollen, stellen Sie sich am besten eine bestimmte Situation vor, in der Sie gelassen geblieben sind. Welche Personen spielten in dieser Situation eine Rolle? Wie waren die Räumlichkeiten? Gab es bestimmte Gerüche? Was hatten Sie an? Was haben Sie gesagt und getan? Wie haben Sie sich gefühlt? Berühren Sie bei der Vorstellung jeder Einzelheit zum Beispiel einen Ring, den Sie immer tragen, oder Ihre Außenhandfläche und „speichern" Sie darin Ihre Informationen. Jetzt sind Sie für zukünftige Situationen gerüstet. Bei einem Angriff stülpen Sie mental die Käseglocke über sich und berühren den Ring oder die Handfläche. Das Gefühl der Gelassenheit aus der früheren Situation stellt sich dadurch ein.

Der gute Chef

Sein Verhalten

Ein guter Chef strebt exzellente Ergebnisse durch umsichtige Führung seiner Mitarbeiter an. Er ist selbstbewusst, vertraut seinem Können und dem Können seiner Mitarbeiter. Seine Ziele und die Ziele seiner Mitarbeiter sind klar, transparent, messbar und werden kontinuierlich auf den neuesten Stand gebracht. Seine Grundeinstellung: Ich akzeptiere mich und meine Mitarbeiter. Von sich selbst und von seinen Mitarbeitern verlangt er viel, ohne dabei in blinden Aktionismus zu verfallen. Er fördert seine Mitarbeiter und stattet sie mit viel Verantwortung aus.

Ein guter Chef will wissen, was seine Mitarbeiter denken und fühlen. Durch regelmäßigen Kontakt zu seinen Mitarbeitern ist er über den jeweils aktuellen Stand der Dinge gut informiert und kann möglichen Fehlentwicklungen entgegensteuern. Kritik übt er so, dass jeder sie angstfrei annehmen und daraus lernen kann.

Ein guter Chef steht innovativen Ideen, Lösungs- und Verbesserungsvorschlägen seiner Mitarbeiter offen gegenüber. Er kann gut zuhören und lässt sich durch plausible Argumente gegebenenfalls überzeugen, wohl wissend, dass er nicht automatisch immer alles besser kann.

Welchen Gefahren sind Sie ausgesetzt?

- Seitens des Chefs drohen keine Gefahren für Sie. Falls Sie wirklich einen guten Chef haben, sind Sie ein echter Glückspilz.

- Die Situation könnte Sie selbst jedoch zu bestimmten Annahmen veranlassen, die das Verhältnis auf Dauer trüben könnten: Sie selbst könnten nämlich vergessen, dass nichts auf der Welt selbstverständlich ist – und irgendwann wissen Sie Ihren Vorgesetzten nicht mehr gebührend zu schätzen.

- Sie ruhen sich daher zu sehr auf Ihren Lorbeeren aus.

- Das könnte soweit gehen, dass Sie tatsächlich in Ihrer Arbeitsleistung nachlassen und denken, Ihr Chef wird das schon alles richten.

Wie gehen Sie mit diesem Cheftyp um?

- Auch gute Chefs brauchen Anerkennung. Signalisieren Sie Ihrem Vorgesetzten deshalb immer wieder einmal, dass Sie seinen Führungsstil zu schätzen wissen. Vorsicht aber vor Schmeicheleien! Diese Signale sollten stets situationsgebunden sein und nicht übertrieben wirken.

- Halten Sie Ihren Chef auf dem Laufenden und sprechen Sie auch negative Entwicklungen unmittelbar an, auch wenn die Stimmung gut ist. Sie helfen damit, fehlerhafte Prozesse zu vermeiden.

- Es lässt sich immer etwas verbessern. Halten Sie Augen und Ohren auf, ergreifen Sie die Initiative und machen Sie Lösungsvorschläge.

- Es lohnt sich, mit diesem Chef durch dick und dünn zu gehen. Erwarten Sie jedoch in Krisenzeiten auf keinen Fall, dass er sich bedingungslos hinter Sie stellt. Er tut nur, was er kann. Und das ist meist nicht so viel, wie Sie annehmen.

Wie Sie schwierige Situationen meistern

Viele Situationen im beruflichen Alltag sind deshalb schwierig, weil wir aus der inneren Balance geraten. Wir werden ratlos, sprachlos, unsicher oder innerlich aufgewühlt.

In diesem Kapitel erfahren Sie, wie sie

- mit Kritik und unfairen Bemerkungen souveräner umgehen (S. 70),
- angemessen reagieren, wenn Ihr Chef Sie vor anderen blamiert (S. 84),
- Ihrem Vorgesetzten Grenzen setzen (S. 87),
- Ihre eigenen Anliegen ernst nehmen und besser durchsetzen (S. 89),
- Gehaltsverhandlungen optimal führen (S. 99),
- Prioritäten setzen, wenn Sie für mehrere Chefs arbeiten (S. 108),
- Chefallüren wirkungsvoll begegnen (S. 112) und
- sich verhalten, wenn der Chef die Intimsphäre nicht respektiert (S. 115).

Mit Kritik sicherer umgehen

Mancher Vorgesetzte fühlt sich unbehaglich, wenn er Leistungen eines Mitarbeiters kritisieren soll, denn auch Kritik zu üben will gelernt sein. Er möchte weder den Mitarbeiter vor den Kopf stoßen und ihn dadurch demotivieren noch nach der Kritik seine bisherige Akzeptanz verlieren.

Auch konstruktive Kritik kann manchen Mitarbeiter für einige Zeit aus der Bahn werfen. Das kann Ihnen auch passieren, vor allem dann, wenn Sie die Kritikpunkte als Abwertung der eigenen Persönlichkeit empfinden.

Wie reagieren Sie auf Kritik?

Experiment

Ein einfaches kleines Experiment gibt Ihnen eine erste Orientierung über Ihren Umgang mit Kritik. Betrachten Sie kurz die Skizze und entscheiden Sie spontan, was Sie in dem Rahmen sehen.

Ich sehe einen schwarzen Punkt

Haben Sie sich spontan für diese Variante entschieden? Sie steht symbolisch für einen emotionsgeladenen, eher destruktiven Umgang mit Kritik. Bei dieser Sichtweise geben Sie dem Kritikpunkt das absolute Gewicht und blenden Ihre persönlichen Stärken sowie Ihre bisherigen Erfolge aus. Sie sind schnell dabei, respektlos mit sich umzugehen.

So kann der destruktive Umgang mit Kritik in der Praxis aussehen: Ihr Chef sagt: „Ich habe den Eindruck, Sie kommen in der letzten Zeit sehr schnell an die Grenze Ihrer Belastbarkeit."

- Sie denken „Jetzt ist es so weit, der hält überhaupt nichts mehr von mir ..." oder: „Sieht er nicht, dass ich schon für zwei arbeite? Gemein, wie der mit mir umgeht."
- Sie fühlen Wut, Verzweiflung, Angst.
- Ihr Körper reagiert: Sie sacken zusammen, erstarren oder bäumen sich auf, Sie werden rot oder bleich, vielleicht fließen sogar Tränen.
- Sie sagen gar nichts oder „ähm" – oder aber Sie geben eine patzige Antwort.

Ich sehe eine weiße Fläche und einen schwarzen Punkt

Haben Sie sich spontan für diese Variante entschieden? Sie steht symbolisch für einen eher konstruktiven Umgang mit Kritik. Bei dieser Sichtweise gehen Sie selbstbewusst mit Ihrer Persönlichkeit, Ihren Stärken sowie Ihren Kompetenzen um. Das ist die weiße Fläche in der Skizze. Aus dieser inneren Einstellung heraus können Sie gelassen und sachlich auf den schwarzen Punkt – sprich auf die Kritik – eingehen.

> Kritik kann niemals ein objektives Urteil über Ihre Persönlichkeit sein. .Betrachten Sie Kritik als Chance, Ihre fachlichen oder kommunikativen Fähigkeiten zu erweitern.

So gehen Sie konstruktiv mit Kritik um

Ihr Chef sagt: „Entschuldigen Sie, aber ich habe den Eindruck, Sie kommen in der letzten Zeit sehr schnell an die Grenze Ihrer Belastbarkeit."

- Sie denken „Interessant, wie meint er das nur?"

- Sie haben ein neutrales Gefühl.

- Ihr Körper reagiert: Sie bleiben aufrecht und halten Blickkontakt.

- Sie sagen „Das verstehe ich nicht, was genau meinen Sie damit?"

Es geht in dieser Situation nichts über Gelassenheit und eine ruhige Stimme. Wenn Sie merken, dass in Ihnen eine unangenehme Emotion hochsteigt: Gönnen Sie sich eine Pause und denken Sie „Stopp". Lenken Ihre Gedanken auf den Satz „Diese Sichtweise ist interessant."

Vermeiden Sie Rechtfertigungen

Auf keinen Fall sollten Sie Dinge sagen wie: „Ich arbeite doch schon wie ein Pferd, gestern habe ich wieder zwei Überstunden machen müssen..." Solche und ähnliche Aussagen bringen Sie nicht weiter, Sie nehmen die Rolle des Schwächeren an und verstricken sich. Und fahren Sie auf keinen Fall Retourkutschen wie: „Sie haben aber auch einen Fehler gemacht, weil Sie mir nicht klar genug gesagt haben, was Sie wollen." Da wird, auch wenn sie Recht haben sollten, selbst der gutmütigste Chef zum Berserker.

Stellen Sie Fragen

Wenn Sie Fragen stellen, zeigen Sie Stärke, bauen zu Ihrem Chef Gesprächsbrücken auf und signalisieren Offenheit.

Beispiele: Die geschickte Nachfrage

 Wenn Ihnen die Kritik unpräzise erscheint: „Was genau meinen Sie damit?" oder: „Was genau ist Ihr Kritikpunkt?"

Wenn der Angriff anscheinend grundlos ist: „Welchen Anlass haben Sie, so über meine Leistung zu denken?" oder „Welche Überlegungen führen zu Ihrer Feststellung?" oder „Ist das Pensum, das ich jeden Tag bewältige, in Ihren Augen zu klein?"

Wenn der Chef der Ansicht ist, ein anderer würde auf diesem Platz eine bessere Leistung erbringen: „Haben Sie andere Aufgaben im Auge, die ich übernehmen sollte?"

Bieten Sie Lösungen an

Die Antworten auf solche Fragen können natürlich vielfältig sein. Überlegen Sie, was Sie dazu beitragen können, das Problem aus der Welt zu schaffen. Etwa so:

- Sie treffen mit Ihrem Vorgesetzten eine neue Vereinbarung.

- Sie bitten um regelmäßiges Feedback.

- Sie sagen Ihrem Chef, dass Sie etwas Bedenkzeit brauchen, um auf seine Ausführungen konkret einzugehen. Am besten vereinbaren Sie mit ihm einen Gesprächstermin zu einem realistischen Zeitpunkt.

Antworten Sie mit der „Ja-Jedoch-Technik"

Wenn der Kritikpunkt aus Ihrer Sicht nicht nachvollziehbar ist, so hat er aus der Sicht Ihres Vorgesetzten dennoch seine Richtigkeit. Bei der Technik der Bejahung geht es darum zu zeigen, dass Sie die Sicht Ihres Chefs respektieren. Das heißt aber nicht, dass Sie mit seiner Aussage einverstanden sein müssen. Hier geht es um Folgendes: Sie bestätigen seine Sicht mit einem „Ja ..." und Sie bauen eine Brücke zu Ihrem Standpunkt mit dem Wort „jedoch". Anschließend erläutern Sie Ihren Standpunkt.

Beispiele: Sich hineinversetzen

„Ja, aus Ihrer Sicht stimmt es sicher, ich bin jedoch anderer Meinung. Darf ich Ihnen meine Sicht der Dinge erläutern?"

„So sehen Sie es, das respektiere ich. Ich würde Ihnen nun gern meine Ansicht vortragen. Ich bin überzeugt, dass wir dann die Fehlerquelle ausschließen können."

„Ja, Sie haben sicherlich Ihre Gründe, es so zu sehen. Jedoch ist Ihr Einwand aus meiner Sicht nicht ganz gerechtfertigt. Dafür sprechen folgende Fakten ..."

Vorsicht vor der „Aber-Falle"

„Ja, aus Ihrer Sicht mag das richtig sein, aber ich bin anderer Meinung." Vermeiden Sie diese Formulierung! Das Wort „Aber" klingt wesentlich härter als das Wort „jedoch". Bei Auseinandersetzungen hat es dieselbe Wirkung, wie wenn Sie auf der Landstraße mit 160 km/h auf eine Kreuzung zurasen und die Ampel plötzlich auf Rot schaltet. Da geht nichts mehr. Da scheppert es nur noch. Die Aussage vor dem Wort „aber" wird verneint, beziehungsweise ad absurdum geführt.

So gehen Sie mit unfairen Bemerkungen um

Ungerechtfertigte Kritik hat diverse Facetten. Sie ist subtil bis grobklotzig, kommt leicht verletzend daher oder sogar regelrecht demütigend. Mit unqualifizierter Kritik will ein Chef seine Macht ausspielen, sich abreagieren, den Mitarbeiter als Blitzableiter benutzen, ihn abwerten oder seine eigenen Ängste und Nöte überspielen. Dafür benutzt er sogenannte Killerphrasen oder Killerfragen.

Beispiele: Von oben herab

„Ich bin hier für das Denken zuständig und Sie für das Arbeiten."

„Ich habe Sie eingestellt, damit ich Sie unterbrechen kann, so oft ich will."

„Ich habe hier das Sagen, ich bin es, der Sie bezahlt. Sie haben sich an meine Anweisungen zu halten und zu bleiben, wenn ich es verlange. Die Fertigstellung der Präsentation duldet keinen Aufschub. Ist das klar?"

> „Sie sind der Aufgabe einfach nicht gewachsen. Dafür brauche
> ich einen Könner."
>
> „Sie stören mich jetzt schon wieder, sehen Sie nicht, dass ich zu
> tun habe?"
>
> „Ich muss schon sagen, Ihr Arbeitstempo gleicht dem Tempo
> einer Schnecke."

Solche und andere Aussagen sind in der beruflichen Praxis
leider keine Ausnahme. Es ist, wie es ist. Sollten Sie oft mit
solchen Aussagen konfrontiert werden, bleiben Sie ruhig und
gelassen. Nehmen Sie es als Herausforderung. Betrachten Sie
diese Attacken als eine Möglichkeit, sich darin zu üben, Ihre
Selbstachtung zu schützen, Ihre Redegewandtheit zu optimieren, Ihren Standpunkt zu verdeutlichen und Ihre Entschiedenheit zu zeigen.

Mit Ich-Aussagen kontern

Immer dann, wenn Sie respektlos behandelt werden, domi-
niert Ihr Chef Sie, statt Sie zu führen. Schon aus existenziel-
len Gründen ist es ratsam, nun Diplomatie walten zu lassen
und durch die Ich-Aussage-Technik dem Vorgesetzten Brücken zu bauen. Führen Sie Ihren Vorgesetzten mit Ich-
Aussagen auf die Sachebene zurück:

- Chef: „Ich bin hier für das Denken zuständig und Sie für
  das Arbeiten." Ihre Antwort: „Ich will Ihnen gern beweisen,
  dass ich Ihre Vorstellung in die betriebliche Praxis umset-
  zen kann."

- Chef: „Ich habe Sie eingestellt, damit ich Sie unterbrechen
  kann, so oft ich will." Ihre Antwort: „Ich weiß es zu schät-

zen, hier zu arbeiten. Gestatten Sie mir, meinen Gedanken jetzt zu Ende zu führen."

- Chef: „Ich habe hier das Sagen, ich bin es, der Sie bezahlt. Sie haben sich an meine Anweisungen zu halten und zu bleiben, wenn ich es verlange. Die Fertigstellung der Präsentation duldet keinen Aufschub." Ihre Antwort: „Ich weiß, dass wir unter Zeitdruck stehen. Die Präsentation mache ich fertig. Lassen Sie uns morgen besprechen, wie wir die Abläufe so organisieren, dass wir in Zukunft solche Engpässe vermeiden können."

- Chef: „Sie sind der Aufgabe einfach nicht gewachsen. Dafür brauche ich einen Könner." Ihre Antwort: „Ich finde es schade, dass Sie es so sehen. Welche Kompetenzen müsste ich aufweisen, um dieser Aufgabe auch in Ihren Augen gewachsen zu sein?"

- Chef: „Sie stören mich schon wieder, sehen Sie nicht, dass ich zu tun habe?" Ihre Antwort: „Ich bin selber nicht glücklich darüber, dass ich Ihnen schon wieder eine Frage stellen muss, doch die Sache ist wichtig und dringend."

- Chef: „Ihr Arbeitstempo gleicht dem Tempo einer Schnecke." Ihre Antwort: „Ich will im Interesse des Unternehmens Fehler vermeiden, deren Korrektur viel Zeit kosten würde."

Vorteile der Ich-Aussage-Technik

Mit den Ich-Aussagen können Sie erreichen, dass Ihr Chef weniger aggressiv und dafür sachlicher wird. Mit dieser Technik greifen Sie Ihren Vorgesetzten nicht an. Sie laden ihn ein, sein Verhalten Ihnen gegenüber in eine respektvolle Form umzuwandeln. Achten Sie dabei auf einen ruhigen Ton und eine aufrechte Körperhaltung. Halten Sie Blickkontakt. Die Vorteile sind im Einzelnen:

- Sie machen keine Vorwürfe.
- Sie verurteilen nicht.
- Sie beschimpfen nicht.
- Sie klagen nicht an.
- Sie führen Ihren Chef auf die Sachebene.
- Sie helfen ihm, sein Gesicht zu wahren.
- Sie setzen Grenzen.
- Sie zeigen Stärke.
- Sie bitten indirekt um die Achtung Ihrer Person.

Formulieren Sie so, dass auch Sie selbst die Ich-Aussage mit einem guten Gefühl annehmen könnten. Motto: Was du nicht willst, das man dir tu, das füg´ auch keinem andren zu, oder: Behandle den anderen so, wie du selbst behandelt werden möchtest.

> Diplomatisch formulierte Ich-Aussagen sind frei von Aggressionen. Sie bauen Brücken zum Gesprächspartner und signalisieren Bereitschaft, die Beziehung zum Gesprächspartner in Balance zu bringen. Dadurch fällt es dem Angreifer leichter, wieder sachlich zu werden.

Viele Vorgesetzte rechnen nicht damit, dass Sie sich wehren. Doch niemand hat das Recht, Sie unwürdig zu behandeln. Sie haben die Pflicht, Ihre Selbstachtung zu schützen. Je ängstlicher Sie sind, desto öfter werden Sie attackiert. Je mehr

Entschiedenheit Sie zeigen, desto höher sind Ihre Chancen, respektiert zu werden.

Ruhig und gelassen mit der Pinguin-Methode

Der Vorgesetzte, der Sie ungerechtfertigt und aggressiv kritisiert, ist zumeist selbst im Stress. Er befindet sich sozusagen in einem Kessel mit heißem Wasser (Symbol für seinen Ärger). Das Wasser dampft, Ihr Chef dampft auch und strampelt. Sie werden beschimpft.

Sparen Sie sich in diesem Fall eine Gegenattacke und steigen Sie nicht zu Ihrem Vorgesetzten in den Kessel. Stellen Sie sich stattdessen vor, dass Sie ein Pinguin sind. Sie stehen über dem Kessel auf einer kühlen Anhöhe und reichen ihm eine Leiter (Symbol für die Ich-Aussage), damit er aus dem heißen Kessel klettern kann.

Eine Lösung anbieten

Selbst eine meisterhaft formulierte Ich-Aussage verfehlt manchmal ihre Wirkung. Wie Sie sich auch bemühen, Ihr Chef verharrt dann weiterhin in seiner aggressiven, ablehnenden Haltung.

Beispiel: Wenn die Ich-Aussage Ihre Wirkung verfehlt

Chef: „Müller, Sie haben schon wieder versagt, der mittlere Teil Ihrer Präsentation war eine einzige Katastrophe. Sie sind wirklich wohl das Letzte, was hier herumläuft!" Ihre Antwort: „Ich bin unglücklich, dass Sie es so sehen. Ich will gern mit Ihnen gemeinsam darüber reden, was genau bei der nächsten Präsentation zu optimieren ist."
Chef: "Ich mit Ihnen aber nicht. Sehen Sie selbst zu, wie Sie zurechtkommen."

Hier wird deutlich, dass der Vorgesetzte mit der Ich-Aussage nicht von der Palme herunter zu holen ist. Deshalb sollte der Mitarbeiter Folgendes antworten:

Beispiel

„In Ordnung, ich werde mich darauf konzentrieren, ohne Ihre Hilfe in Anspruch zu nehmen, die nächste Präsentation allein zu optimieren."
Chef: „Genau das meine ich."

So oder ähnlich wird der Chef antworten. Menschen sind keine Roboter, die nach dem Wenn-dann-Prinzip funktionieren. Doch erfahrungsgemäß folgt nach der Wiederholung dessen, was verstanden wurde, eine bejahende Antwort.

Mit der Wiedergabe dessen, was Sie verstanden haben, zeigen Sie Stärke, statt schnell den Rückzug anzutreten. Sie bauen zu dem Vorgesetzten eine Beziehungsbrücke, indem Sie signalisieren, dass Sie seine Meinung respektieren. Sie sprechen sein Gewissen an, damit er Ihnen entgegenkommt. Sie bewegen ihn zu einer bejahenden Antwort und schaffen eine Basis für die Fortführung eines Gesprächs, bei der es um die Sache geht. Nachdem einer bejahenden Antwort fahren Sie sachlich fort:

Beispiel

 „Gut, ich gehe die Sache eigenverantwortlich an. Das Ergebnis erhalten Sie auf jeden Fall rechtzeitig vor dem nächsten Präsentationstermin. Falls Sie dann Änderungsvorschläge haben, können wir die Sache zusammen besprechen."

Mit dem Angebot einer Lösung zeigen Sie Eigeninitiative und richten den Blick des Chefs auf eine zukünftige, konstruktive Zusammenarbeit.

Wie Sie mit pauschalen Angriffen umgehen

Pauschale Angriffe sind Aussagen, in denen die Worte „nie", „immer" oder „alles falsch" vorkommen. Diese Angriffe drücken Ihren Ergebnissen oder Verhaltensweisen einen allgemeinen Stempel auf. Mag sein, dass Sie manchmal zu spät kommen, mag sein, dass Ihre Ergebnisse hier und dort Fehler aufweisen. Durch pauschale Angriffe seitens des Vorgesetzten wird jedoch Ihr komplettes Verhalten angegriffen.

- „Sie sind immer unpünktlich mit der Abgabe der Kosten-aufstellung."
- „Von Ihnen bekomme ich nie eine direkte Antwort."
- „Sie sind nie mit meinen Vorschlägen einverstanden."
- „Ich muss Ihnen immer alles dreimal erklären."
- „Auf Sie ist nie Verlass."

So reagieren Sie richtig

Mit folgenden möglichen Reaktionen würden Sie nur Öl ins Feuer gießen:

- „Das kann gar nicht sein."
- „Das sehen Sie ganz falsch."
- „Wie können Sie mir so etwas unterstellen?"
- „Wie kommen Sie darauf?"
- „Es ist schlimm, dass Sie mich so pauschal angreifen."

Antworten Sie besser mit der Ich-Aussage und führen Sie einen sachbezogenen Gedanken hinzu, der sich auf die momentane Situation bezieht.

Beispiele

Chef: „Sie sind immer unpünktlich mit der Abgabe der Kosten-aufstellung" Antwort: „Ich bin überrascht, dass Sie es so sehen. Wir haben vereinbart, dass Sie die aktuelle Kostenaufstellung bis heute Nachmittag erhalten. Um 15 Uhr lege ich Ihnen das Ergebnis auf den Tisch."

Chef: „Von Ihnen bekomme ich nie eine direkte Antwort." Ihre Antwort: „Es tut mir leid, wenn ich mich nicht klar genug ausgedrückt haben sollte. Geben Sie mir bitte einen Augenblick Zeit, das Ganze noch einmal kurz zusammenzufassen."

Chef: „Sie sind nie mit meinen Vorschlägen direkt einverstan-den." Ihre Antwort: „Ich sehe ein, dass ich kein Jasager bin. Das, was Sie jetzt vorschlagen hat den Vorteil XY, jedoch bitte ich Sie, Z zu berücksichtigen."

Chef: „Ich muss Ihnen immer alles drei Mal erklären." Ihre Antwort: „Mir ist es selbst unangenehm, dass ich Sie schon wieder fragen muss, doch ich will sicher sein, dass ich Sie in diesem Punkt richtig verstanden habe."

Chef: „Auf Sie ist nie Verlass." Ihre Antwort: „Ich bin traurig, dass Sie es so sehen. Was genau muss ich tun, damit Sie mit meiner Leistung zufrieden sind?"

Geben Sie offen zu, wenn Ihr Chef teilweise Recht hat und bieten Sie Lösungen an. Angenommen, Sie haben wirklich zweimal hintereinander ein Ergebnis zu spät abgeliefert.

Beispiel

Chef: „Sie sind immer unpünktlich mit der Abgabe der Kosten-aufstellung." Ihre Antwort: „Ja, ich weiß, die letzte und vorletz-te Kostenaufstellung habe ich zu spät abgeliefert. Ich schlage vor, dass wir die Prioritäten und Abgabetermine gemeinsam neu festlegen. Wann haben Sie Zeit für ein Gespräch?"

Wenn Ihr Chef Sie vor anderen blamiert

Leider passiert es in der Praxis gar nicht so selten, dass Mitarbeiter von ihren Vorgesetzten im Beisein anderer Personen unqualifiziert beschimpft, getadelt oder bloßgestellt werden.

Beispiel: Schweigen ist nicht immer Gold

An einer Krisensitzung nehmen teil: Fachbereichsleiter Herr Lohmann, Abteilungsleiter Herr Friese, Produktmanager Herr Grossmann, Praktikant Herr Vogelsang, Auszubildende Frau Klaus.

Herr Friese spricht Herrn Grossmann mit einer finsteren Miene in giftigem Ton an: „Grossmann, Sie sind eine Niete, wofür werden Sie hier eigentlich bezahlt? Sie haben wohl gar nichts mehr im Griff, ich habe eine Reklamation des Kunden auf dem Tisch. Die Lieferung der Kugellager hat sich um vier Tage verzögert, der Kunde droht abzuspringen, er hat die Schnauze gestrichen voll und Sie sind schuld."

Herrn Grossmann ist die Situation peinlich, er merkt, wie in ihm die Wut hochsteigt, zumal er genau weiß, dass er die eingetretene Verspätung nicht allein zu verantworten hat. Er nimmt sich vor, den Ärger lieber herunterzuschlucken, denn es ist ihm bewusst, dass es gefährlich wäre, Herrn Friese die Unverschämtheit mit der gleichen Münze heimzuzahlen. Eine diplomatische Antwort fällt ihm zunächst einmal sowieso nicht ein.

Die Doppeldecker-Strategie

Es war nicht das erste Mal, dass Herr Grossmann von Herrn Friese vor anderen Menschen auf dieser Art und Weise behandelt wurde. Zu Recht wünscht sich Herr Grossmann, dass

Herr Friese sein Verhalten ändert. Das kann ihm gelingen wenn er seine Reaktion in zwei Schritte aufteilt:

1 In der entsprechenden Situation sofort angemessen reagiert:
   „Herr Friese, ich verstehe Ihren Ärger, mir ist es auch äußerst unangenehm, dass der Kunde reklamiert. Die Sachlage ist folgende ..."
2 Zu einem späteren Zeitpunkt ein Gespräch unter vier Augen mit Herrn Friese initiiert. In diesem Gespräch kann Herr Grossmann entschieden und mit mehr Ruhe sein Recht auf einen respektvollen Umgang vertreten.

Der IVEGBI-Gesprächsleitfaden

Wenn Sie das klärende Gespräch mit Ihrem Vorgesetzen suchen und dabei nichts dem Zufall überlassen wollen, bereiten Sie sich am besten gründlich vor. Der folgende Gesprächsleitfaden dient als eine klar strukturierte Basis für die Inhalte Ihres Anliegens.

Das Kürzel IVEGBI können Sie sich als Ihren roten Faden beziehungsweise als Ihren Fahrplan einprägen, damit Sie beim Gespräch die empfohlene und in der Praxis bewährte Reihenfolge der einzelnen Schritte einhalten.

Die vier Schritte des IVEGBI-Gesprächsleitfadens

 1 I = Ich-Aussage.

 2 VE = Verhalten: Sie beschreiben das Verhalten, das Ihnen zu schaffen gemacht hat.

 3 G = Gefühle: Beschreiben Sie, was Sie empfunden haben.

4 BI = Äußern Sie Ihre Bitte um Änderung des Verhaltens.

Beispiel für einen solchen Gesprächsfaden

Ich-Aussage: „Herr Friese, ich verstehe Ihren Ärger, dem Sie gestern in der Besprechung Nachdruck verliehen haben.

Verhalten: „Als Sie mich jedoch vor der versammelten Mannschaft heruntergeputzt haben und mich als die letzte Niete tituliert haben, ..."

Gefühle: „...habe ich innerlich gekocht."

Bitte: „Ich respektiere Sie und Ihre Position und bitte Sie, mich ebenfalls respektvoll zu behandeln."

Die Chancen, dass Sie Ihr Ziel erreichen, steigen mit dem Grad Ihres entschiedenen Auftritts.

Grenzen setzen

Ein schwieriges Thema: Grenzen setzen gegenüber dem Vorgesetzten? Das Bedürfnis danach haben viele. Denn wer kennt nicht Situationen, in denen der Chef in letzter Minute noch etwas von einem möchte, ganz dringend, womöglich noch Freitagnachmittag? Oder zum wiederholten Male mit der Bitte um Erledigung einer Aufgabe kommt, die eigentlich zum Aufgabengebiet Ihres Kollegen gehört? Dabei haben sich sowieso schon wieder so viele Überstunden angehäuft ... Schwer, in solchen Situationen nein zu sagen.

Bedenken überwinden

Es liegt auf der Hand: Ein Nein könnte den Vorgesetzten verärgern, sich eventuell grundlegend auf seine Wertschätzung auswirken, am Ende sogar auf die berufliche Karriere. Deshalb erfüllen viele lieber alle Anforderungen, die ihnen von ihren Chefs gestellt werden, oft zähneknirschend und oft unzufrieden, wieder einmal ja gesagt zu haben.

Stellen Sie sich Folgendes vor: Könnte ein höflich und bestimmt ausgesprochenes Nein nicht auch Ihr Ansehen bei Ihrem Vorgesetzten stärken, weil Sie dadurch selbstbewusster und zielgerichteter wirken? Selbstverständlich hängt diese Wirkung auch davon ab, welchem Cheftyp Ihr Vorgesetzter entspricht und auch davon, wie dringend die Bitte oder die Aufforderung Ihres Vorgesetzten ist. Hier Ihre Wahlmöglichkeiten abzuschätzen, ist der erste Schritt zu einem Nein.

Ja-Situationen reflektieren, Nein-Situationen vorstellen

Der zweite Schritt zu mehr Abgrenzung ist die bewusste Reflexion von Situationen, in denen Sie lieber nein statt ja gesagt haben. Versuchen Sie, nach solchen Situationen Folgendes herauszufinden:

- Was waren Ihre Gedanken?
- Wie waren Ihre Gefühle?
- Welche Aussagen des anderen haben Sie zu Ihrem Ja bewegt?
- Was hat Sie Ihr Ja gekostet? (z. B. wie viel Zeit, wie viel Ärger)

Im dritten Schritt stellen Sie sich ähnliche Situationen vor, in denen Sie in Zukunft „Nein" sagen möchten:

- Welche Erlaubnis brauchen Sie dazu von sich selbst?
- Welche positive Haltung ist dazu notwendig? Hilfreich sind hier z. B. Gedanken wie „Wenn ich jetzt ‚nein' sage, schütze ich mich und meine Gesundheit.", oder „Ein Nein zeigt meinem Chef, wo meine Grenzen sind, und wir bekommen mehr an gegenseitigem Respekt"
- Wann ist Ihnen eine solche Situation schon einmal gelungen?

Nein sagen

Probieren Sie es aus: Beginnen Sie mit Situationen, in denen es Ihnen nicht ganz so schwer fällt – vielleicht nicht gleich bei Ihrem Vorgesetzten, sondern bei einem Kollegen oder einem Freund. In der nächsten Situation mit Ihrem Vorgesetzten, in der Sie lieber Nein sagen würden, gehen Sie folgendermaßen vor:

- Bleiben Sie bei Ihren Zielen und Vorstellungen – was wollen Sie?
- Wägen Sie ab, wie dringend das Anliegen Ihres Chefs ist.
- Wägen Sie ab: Was könnte passieren, wenn Sie nein sagen, und wie viel kostet Sie ein Ja?
- Entscheiden Sie sich für eine positive Haltung zu Ihrem Nein.
- Sagen Sie höflich, aber bestimmt und unmissverständlich nein. Gegebenenfalls fügen Sie eine alternative Lösung hinzu.

Eigene Anliegen besser durchsetzen

Es ist gut, innovative Gedanken zu haben. Noch besser ist es, diese Gedanken präzise zu formulieren und sicher zu vermitteln.

Beispiel: Frau Stark blamiert sich in der Teamsitzung

 An einer Teamsitzung nehmen teil: Abteilungsleiter Herr Wohl-kopf, Projektleiterin Frau Müller, Projektleiter Herr Novak, Produktmanager Herr Schneider, Managementassistentin Frau Alt, Office-Managerin Frau Stark, Office-Assistentin Frau Vogel – eine neue Halbtagskraft.

Alle Aspekte der Projekt- und Terminplanung sind besprochen worden. Bis zum Schluss der Sitzung verbleiben noch zehn Minuten. Herr Wohlkopf sammelt seine Unterlagen zusammen, steckt den Kugelschreiber in die Brusttasche: „Damit sind die einzelnen Projektschritte definiert, die Zuständigkeiten festge-setzt und die Termine verbindlich festgelegt. Gibt es noch Fragen?"

Frau Stark spürt, wie ihr Herz vor Aufregung schneller schlägt, und Ärger steigt in ihr hoch. Sie versucht ruhig zu bleiben und hebt die Hand. „Könnten wir vielleicht noch über die Verteilung der Aufgaben sprechen? Es sind noch nicht alle Punkte bespro-chen, ich wäre dafür, dass wir die Zuständigkeiten in Bezug auf die Bewirtung der Gäste, die Organisation der Besprechungs-räume, Akquisition und Kundenpflege neu definieren, da wir jetzt eine zusätzliche neue Mitarbeiterin haben. Könnten wir vielleicht die Aufgaben unter allen Bürokräften neu verteilen? Es kann nicht sein, dass nur ich und Frau Alt das alles weiterhin alleine machen, denn …"

Sie wird durch den Abteilungsleiter, Herrn Wohlkopf, brüsk unterbrochen: „Das mit dem Kaffee regeln ja wohl die Bürokräf-te untereinander, für so etwas ist in der Teamsitzung wirklich keine Zeit mehr." „Apropos Kaffee, Frau Stark", sagt Projektleiter Novak, „Sie können sowieso am besten kochen, setzen Sie doch eine neue Kanne auf, vor der nächsten Sitzung könnte ich einen kräftigen Schluck vertragen". Alle lachen und verlassen den Raum, niemand ist an der Klärung der Zuständigkeit interes-siert.

In solche Situationen gerät Frau Stark relativ häufig. Deshalb hält sie sich bei Diskussionen und beim Vorschlagswesen eher zurück, obwohl sie berechtigte Einwände und gute Ideen hat.

Sein eigenes Anliegen ernst nehmen

Der innere Kritiker von Frau Stark schwächt ihre Selbstsicherheit und erzeugt ein schwaches Selbstwertgefühl. Dadurch wirkt sie nach außen hin sehr unsicher.

Denken Sie konstruktiv

Frau Stark zieht sich mental runter, indem sie denkt, Ihr Anliegen sei nicht so wichtig für die anderen, der Zeitpunkt gerade wohl eher ungünstig und sie werde ohnehin nicht für voll genommen. Frau Stark denkt, sie stehe mit ihrer Forderung vollkommen alleine und alleine würde sie es sicher nicht schaffen. Und die Tatsache, dass sie abrupt unterbrochen und sogar ausgelacht wird, macht sie nur noch kleiner. Ihr Fazit: „Die bügeln mich sowieso nur ab." Besser wären folgende Gedanken:

- „Für mich und für die anderen ist dieser Punkt wichtig."
- „Der richtige Zeitpunkt, dieses Thema anzusprechen, ist jetzt."
- „Mein Anliegen wird ernst genommen."

Sprechen Sie mit Nachdruck

Frau Stark benutzt Konjunktive und wirkt verbal zu weich. Sätze wie: „Könnten wir vielleicht mal noch das Thema xy

ansprechen..." oder „Ich würde eventuell vorschlagen ..."
wirken nachteilig.

Beispiel

 „Könnte (Konjunktiv) man nicht jetzt noch vielleicht („Kaugummiwort") über die Zuständigkeiten sprechen?"

Mit solchen und ähnlichen Fragen laden Sie Ihre Gesprächspartner förmlich dazu ein, wegzuhören, wenn Sie etwas auf
dem Herzen haben. Sie gehen ja auch nicht zum Metzger und
fragen: „Könnte man hier vielleicht bitte ein Kilo Rinderbraten bekommen?" Vielmehr bestellen Sie, was Sie sich wünschen: „Ein Kilo Rinderbraten bitte." Folgende Formulierungen sind also angebracht:

- „Ich will mit Ihnen noch das Thema XY besprechen."
- „Ich bin dafür, dass ..."
- „Ich schlage vor, dass ..."
- „Die Lösung kann folgendermaßen aussehen ..."
- „Wir sollten noch dringend über die neuen Zuständigkei-
  ten sprechen."
- „Ich möchte über ABC sprechen, D und E ist mein Vor-
  schlag, XY und Z ist dabei der Vorteil."
- „Es geht um das Thema Neuverteilung der Aufgaben. Dar-
  über sollten wir jetzt sprechen ..."

Hüten Sie sich davor, Vorschläge, Ideen, und Forderungen als Fragen zu
formulieren, in denen ein Konjunktiv und „Kaugummiworte" vorkommen.

Seien Sie beharrlich

Wenn jemand versucht, Sie grob abzuwürgen, sollten Sie sagen: „Moment, ich möchte, dass wir meinen Vorschlag/ meine Idee diskutieren.", oder: „Gut, wenn jetzt keine Zeit ist für das Thema, melde ich es als einen Tagesordnungspunkt für die nächste Besprechung an." Wenn jemand versucht, Sie zu unterbrechen, sollten Sie sagen: „Moment, lassen Sie mich bitte zu Ende sprechen.", oder „Moment bitte, ich habe noch das Wort." Nutzen Sie die dabei Macht der Körpersprache, machen Sie mit der Hand ein Stopp-Zeichen.

Machen Sie klar, wie nützlich Ihre Idee ist

Weiterhin wird deutlich: Frau Stark hat eine Forderung kommuniziert, ohne den Beteiligten aufzuzeigen, mit welchem Nutzen für alle ihr Vorschlag verbunden ist. Fast jeder ist sich selbst der Nächste. Deshalb ist eines ganz wichtig: Wenn Sie etwas bekommen wollen, bieten Sie im Gegenzug etwas an.

- Versetzen Sie sich in die Lage des anderen.

- Sagen Sie, worum es Ihnen geht: kurz, klar und ruhig.

- Nennen Sie einen oder mehrere Vorteile. Frau Kraft hätte beispielsweise sagen können: „Wenn wir die Zuständigkeiten direkt klären, vermeiden wir in Zukunft unnötige Reibungspunkte und gewinnen Zeit für zusätzliche Aufgaben."

- Hören Sie auch den Argumenten Ihres Gesprächspartners gut zu. So verschaffen Sie sich Respekt.

- Hüten Sie sich davor, sich zu rechtfertigen. Wenn es notwendig ist, sagen Sie noch einmal knapp, worum es Ihnen geht (z. B.: „Wir sollten dringend die Zuständigkeiten neu diskutieren"). Aussagen wie „Ich weiß noch nicht genau, wie es zu lösen ist", oder „konkret habe ich noch keine Vorstellung" lassen Sie am besten ganz weg! Sie behindern sonst die Wirkung, die Sie erzielen wollen.

- Wenn Sie während einer Diskussion tatsächlich noch keine Antwort wissen, können Sie sich ruhig eine Weile zum Nachdenken nehmen: „Sekunde bitte, darüber will ich kurz nachdenken."

Achten Sie auf Ihre Gestik

Frau Stark hat die Wirkung der Körpersprache und der Stimmführung völlig unterschätzt. Ihr ist nicht klar, dass in der zwischenmenschlichen Kommunikation die Inhalte eine geringere Wirkung haben als der Tonfall und die Körpersprache. Frau Krafts Körpersprache schadete ihr:

- Ihr Kopf war „niedlich" zur Seite geneigt.

- Ihre Schultern hingen nach unten.

- Ihre Hände hat sie im Schoß unter dem Tisch zusammengefaltet.

- Sie sprach zu leise.

- Sie vermied jeden Blickkontakt zu den anderen Teilnehmern.

Als Leitfaden können Ihnen folgende Anregungen dienen:

- Kratzen Sie sich am Haaransatz oder drehen Sie an Ihrem Ring? Das signalisiert Unsicherheit. Nun soll das nicht heißen, dass Sie krampfhaft auf jede Regung Ihrer Körpersprache „schielen". Das könnte Sie noch mehr verunsichern. Gemeint ist, dass Sie sich der Wirkung Ihrer Körpersprache auf Ihren Gesprächspartner grundsätzlich bewusst sein sollten:

- Atmen Sie ruhig.

- Halten Sie den Blickkontakt.

- Sprechen Sie mit angemessen lauter Stimme und artikulieren Sie sich deutlich.

- Setzen Sie sich aufrecht hin oder stehen Sie auf.

Bereiten Sie Ihre Argumente gründlich vor

Frau Stark hat sich vor der Sitzung nicht vorbereitet. Viele Menschen unterschätzen die Bedeutung einer guten Vorbereitung. Kein Sportler würde unvorbereitet (Aufwärmphase) in einen Wettkampf treten.

„Wer schreibt, der bleibt", sagt ein bekanntes Sprichwort. Und da ist viel Wahres dran. Wenn Sie Ihre Argumente im Vorfeld schriftlich genau fixieren, können Sie die Inhalte nachhaltig in Ihrem Langzeitgedächtnis verankern. Sie steigern dadurch Ihre Sicherheit in der bevorstehenden Verhandlung.

Die schriftliche Vorbereitung in Kombination mit einer guten mentalen Vorbereitung ist der Dreh- und Angelpunkt einer erfolgreichen Verhandlung. Mentales Training ist für Sportler eine Selbstverständlichkeit. Und auch im Berufsleben sollte dies so sein. Wie es genau funktioniert, erfahren Sie in dem folgenden Abschnitt „Gehaltsverhandlung".

Nicht zuletzt, sollten Sie – vor wichtigen Gesprächen – Ihren Auftritt üben. Dafür eignen sich unterschiedliche Methoden, beispielsweise das Rollenspiel. Auch hierzu erfahren Sie Näheres im Abschnitt „Gehaltsverhandlung".

Wie Sie Ihre Idee mit der Argumentationskette besser durchsetzen

Die Argumentationskette ist eine Abfolge von sieben Schritten, die Ihnen helfen, Ihr Anliegen schlüssig darzustellen. Niemand kann sich allein mit guten Argumenten immer durchsetzen. Doch die Argumentationskette ist ein bewährtes Instrument. Sein Einsatz steigert die Chancen, gute Ergebnisse zu erzielen.

Die sieben Schritte der Argumentationskette

1 Nennen Sie zunächst Ihr Thema.

2 Beschreiben Sie nun kurz und knapp das Problem, für das es nach Ihrer Einschätzung eine Lösung geben muss.

3 Beschreiben Sie, was verbessert werden muss.

4 Bieten Sie eine Lösung oder gleich mehrere Alternativlösungen an.

5 Nennen Sie Nutzen und Vorteile, vor allem für den, der Ihrem Anliegen zustimmen soll.

6 Machen Sie Terminvorschläge: Wann genau soll der nächste Schritt unternommen werden?

7 Laden Sie jetzt Ihre Zuhörer zur Meinungsäußerung ein.

Beispiel

Schritt 1: Thema

„Es geht mir um die Neuverteilung der Aufgaben in unserem Office-Team."

Schritt 2: Problembeschreibung

„In unserem Office-Team arbeiten jetzt Frau Vogel, die neu eingestellt worden ist, Frau Alt und ich. Wir drei bearbeiten derzeit die täglich anfallenden Routinearbeiten und drei große Projekte. Da ich hier am längsten beschäftigt bin und viel Erfahrung mit unterschiedlichsten Aufgaben gesammelt habe, bin ich in allen drei Projekten involviert. Gleichzeitig gehört zu meinen Aufgaben die Planung und Koordination der Räume für die Meetings. Für unvorhersehbare Aufgaben, die dringlich und

wichtig sind, muss ich zusätzliche Zeit aufwenden. Die un-
gleichmäßige Verteilung der Aufgaben hat zur Folge, dass bei
mir die meisten Überstunden anfallen."

Schritt 3: Beschreibung der Verbesserung

„Die Aufgaben und Zuständigkeiten müssen so verteilt werden,
dass jeder im Team das gleiche Quantum an Aufgaben zu
bearbeiten hat."

Schritt 4: Lösung und Alternativen

„Ich schlage vor, dass jedes Teammitglied eine präzise Aufstel-
lung seiner Aufgaben unter der Berücksichtigung des jeweiligen
Volumens und Zeitaufwands anfertigt. Dann werden wir in einer
Teamsitzung die Aufstellungen sichten und eine neue Aufga-
benverteilung vornehmen."

Schritt 5: Nutzen und Vorteile

„Vorteile für Sie, Herr Wohlkopf (hier ist der Chef gemeint): Ich
kann für Sie jeder Zeit auch unvorhersehbare Aufgaben schneller, sicherer und korrekt erledigen. Überstunden werden mini-
miert. Diese müssen nicht irgendwann abgefeiert werden,
sodass ich Ihnen durchgehend den Rücken freihalten kann für
Ihre speziellen Aufgaben."

„Vorteile für Sie (hier sind die Teammitglieder gemeint): Jeder
von Ihnen erwirbt zusätzliche Qualifikationen. Das Klima wird
entspannter. Und wir können uns gegenseitig viel effektiver
vertreten als bisher."

Schritt 6: Terminvorschläge

„Ich schlage vor, dass wir in der nächsten Sitzung, also am
dritten März, die neue Aufgabenaufteilung gemeinsam besprechen und beschließen."

Schritt 7: Einladung zur Meinungsäußerung

„Wie sehen Sie die Sache?"

Im besten Falle erhalten Sie von allen Beteiligten Zustimmung und Ihr Anliegen kommt ins Rollen. Sollte es Einwände
geben, lassen Sie diese ruhig zu. Sie signalisieren damit Respekt für die Ansichten Ihres Gesprächspartners. Hören Sie

genau hin und lassen Sie Ihre Gesprächspartner aussprechen. Machen Sie sich dabei Notizen.

Fassen Sie kurz zusammen, was Sie verstanden haben und stellen Sie Fragen: Wer hat andere Vorschläge und wie soll es weitergehen? Brauchen wir zusätzliche Informationen? In welche Richtung sollten wir gemeinsam gehen? Was soll bis zur nächsten Sitzung genau unternommen werden? Wer ist wofür zuständig und bis wann?

> Durch gezielte Fragestellungen und Ihre Beharrlichkeit steigen Ihre Chancen deutlich, Ihr Ziel zu erreichen.

Gehaltsverhandlungen optimal führen

Sind Sie auch der Meinung, dass Ihr Chef eigentlich längst von selbst auf den Gedanken gekommen sein müsste, Ihnen eine Gehaltserhöhung anzubieten? Er sollte doch sehen, mit welchem Engagement Sie tagtäglich Ihre Aufgaben erledigen. Er müsste auch sehen, dass Sie bereits viel mehr leisten, als in Ihrem Arbeitsvertrag ursprünglich einmal vereinbart worden war.

Weit gefehlt. In den seltensten Fällen kommt es in der Praxis vor, dass eine Führungskraft von sich aus das Gehalt seiner Angestellten aufbessert. Also, werden Sie initiativ in eigener Sache! Ihre Gehaltsverhandlung hat aber nur dann realistische Chancen auf Erfolg, wenn sie optimal vorbereitet und durchgeführt wird.

Ihre schriftliche Vorbereitung

Die meisten Führungskräfte schätzen Zahlen und Fakten, und zwar schwarz auf weiß. Es ist deshalb ein Muss, Daten, Fakten und Argumente für Sie und Ihren Chef schriftlich vorzubereiten, und zwar übersichtlich und in einige wenige Punkte gegliedert. Dadurch verleihen Sie Ihrer Gehaltsforderung automatisch die nötige Überzeugungskraft.

Niemals sollten Sie in einer Gehaltsverhandlung mehr Geld verlangen, weil Sie den Kauf eines Hauses, eines Autos oder andere private Investitionen anstreben oder weil Sie ein arbeitslos gewordenes Familienmitglied finanziell unterstützen wollen. Solche und ähnliche Argumente sind für die Verhandlung ein Tabu. Das Argument, dass Sie nach einer Gehaltserhöhung noch motivierter arbeiten werden, zählt ebenfalls nicht. Ein Höchstmaß an Motivation erwartet Ihr Chef von Ihnen ohnehin.

Beziehen Sie sich in Ihrer Argumentationskette ausschließlich auf Ihre augenblickliche Leistung, auf die Leistung, die Sie zusätzlich erbringen wollen und auf Ihr Anforderungsprofil.

So bauen Sie Ihre Argumentations-
kette auf

Schritt 1: Ihr jetziges Gehalt

Schreiben Sie auf, wie hoch Ihr derzeitiges Bruttogehalt ist.

Schritt 2: Ihre Aufgaben

Stellen Sie einen Katalog von Aufgaben zusammen, die Sie gemäß Ihrem Arbeitsvertrag erfüllen.

Schritt 3: Ihre zusätzlichen Aufgaben und deren Nutzen

Stellen Sie einen Katalog von Aufgaben zusammen, die Sie ausführen, obwohl diese Aktivitäten nicht in Ihrem Arbeitsvertrag aufgeführt sind.

Unter diesem Punkt können Sie auch Zusatzqualifikationen aufführen, die Sie im Rahmen diverser Weiterbildungsmaßnahmen erworben haben.

Führen Sie außerdem hier auf, welchen Nutzen Ihre Firma oder Ihre Abteilung aus Ihren neuen Kompetenzen zieht.

Denken Sie daran: Sie verkaufen Ihre Arbeitskraft – Ihre Kompetenz, so wie schon zuvor bei Ihrer erfolgreichen Bewerbung. Bescheidenheit bringt Sie keinen Schritt weiter, die Dokumentation von Fakten hingegen ganz gewiss.

Schritt 4: Ihre Gehaltsvorstellung und das Anforderungsprofil

Schreiben Sie auf, wie hoch Ihre zukünftige Bruttogehalts-vorstellung ist. Prüfen Sie dabei, wie Sie mental zu der Höhe Ihrer Gehaltsvorstellung stehen. Es hat keinen Zweck, mit überhöhten Ansprüchen zu pokern oder anders herum zu bescheiden zu sein. Beide Strategien würden Ihr selbstsicheres Auftreten im Verhandlungsgespräch schwächen. Körper-sprachliche Signale entstehen aufgrund Ihrer mentalen Ver-fassung. Entscheiden Sie sich für eine Bruttosumme, hinter der Sie voll und ganz stehen.

Schreiben Sie dann auf, welches Anforderungsprofil bzw. welche Stellenbeschreibung Sie mit Ihrer Gehaltsvorstellung verbinden. Nennen Sie also mindestens eine Aufgabe, die Sie zusätzlich zu Ihrem bisherigen Aufgabenkatalog übernehmen wollen.

Schritt 5: Fakten

Nennen Sie Fakten, die Ihre Gehaltsforderung untermauern. Hierzu können zum Beispiel vergleichende Gehaltsspiegel Ihrer Branche und Ihrer Position hilfreich sein.

Schritt 6: Der Nutzen für Ihren Vorgesetzten

Formulieren Sie den Nutzen, den Ihr Vorgesetzter oder / und das Unternehmen aus einer Erweiterung der Kompetenz Ihrer derzeitigen Stelle ziehen. Wollen Sie damit Ihren Chef noch effektiver entlasten, damit er für seine Aufgaben zusätzliche Freiräume gewinnt? Oder wollen Sie die Zusammenarbeit mit anderen Abteilungen verstärken, um Abläufe reibungsloser zu gestalten?

Nachdem Ihre Vorbereitung abgeschlossen ist, vereinbaren Sie mit Ihrem Chef einen Gesprächstermin. Achten Sie darauf, dass Ihr Terminvorschlag in eine ruhige Zeit fällt. Bitten Sie Ihren Chef, Störungen fern zu halten.

Ihre mentale Vorbereitung

Die schriftliche Vorbereitung in Kombination mit einer guten mentalen Vorbereitung ist der Dreh- und Angelpunkt einer erfolgreichen Verhandlung.

Sportler bedienen sich der sogenannten Visualisierungsmethode. Diese Methode eignet sich bestens, um persönliche Ziele zu erreichen. Sie mobilisieren damit Ihre Überzeugungskraft und stärken Ihr Durchsetzungsvermögen. Ein Sportler, der 1,90 Meter hoch springen will, hat das Ziel ja auch präzise im Auge.

Vor Ihrer Gehaltsverhandlung lassen Sie also folgenden Film in Ihrem Kopf ablaufen:

1 Stellen Sie sich in allen Einzelheiten vor, wie Sie in das Büro Ihres Chefs eintreten, wie Sie ihn begrüßen und er Sie empfängt. Mögen Sie Kaffee oder Tee? Integrieren Sie den Duft in Ihre Vorstellung. Stellen Sie sich genau vor, wie Sie Ihrem Chef Ihre schriftlich ausgearbeitete Argumentationskette vorlegen und wie Sie Ihr eigenes Exemplar vor sich liegen haben. Stellen Sie sich vor, wie Sie Punkt für Punkt ruhig, sachlich und sicher vortragen. Seien

Sie sich der Höhe Ihrer Gehaltsforderung sicher, führen Sie sich die Zahl vor Augen.

2 Schließlich stellen Sie sich vor, wie Ihr Chef Ihrer Forderung zustimmt. Hören Sie, was er sagt, und achten Sie auf Ihr gutes Gefühl. Seien Sie zuversichtlich.

3 Lassen Sie diesen inneren Film zu Übungszwecken mehrmals ablaufen. Sie bereiten sich dadurch professionell auf ein souverän geführtes Gespräch vor. Ihre Worte sind klar, Ihre Stimme ist dabei ruhig, Ihre Körperhaltung signalisiert Präsenz.

Kontrollieren Sie bei Ihrer Vorbereitung bewusst Ihre Gedanken. Wenn Sie denken, dass es sowieso schief läuft, dass Sie eigentlich zu viel verlangen, dass der Chef Sie ohnehin kaum ernst nimmt und Ihr Anliegen wahrscheinlich sowieso ablehnt, dann schwächen Sie bereits mental die Aussicht auf Erfolg. Im Gespräch selbst werden Sie mit größter Wahrscheinlichkeit unsicher auftreten. Verbannen Sie deshalb destruktive Gedanken mit einem „Stopp"!

> Ersetzen Sie Ihre destruktiven Gedanken und denken Sie praktisch: „Ich habe alle Chancen dieser Welt, ein gutes Ergebnis zu erzielen."

So üben Sie ganzheitlich

Das klassische Rollenspiel

Eine weitere Methode, sich auf das Gespräch gut vorzubereiten, ist das klassische Rollenspiel. Diese Methode hat den Vorteil, dass Sie ihre rhetorischen Kompetenzen sowohl sprachlich, als auch körpersprachlich optimieren.

Bitten Sie eine Vertrauensperson, die Rolle des Chefs zu übernehmen. Inszenieren Sie eine Bürokulisse, die den räumlichen Gegebenheiten Ihres Besprechungsbüros oder Ihres Chefs ähnlich ist.

Spielen Sie die Situation gemeinsam durch: Das Rollenspiel fängt mit Ihrem Eintritt in den Besprechungsraum an. Fangen Sie erst dann zu sprechen an, wenn Sie auf Ihrem Stuhl eine sichere, aufrechte Position eingenommen haben. Bleiben Sie während des gesamten Rollenspiels in Ihrer jeweiligen Rolle, ohne dabei eine Pause zu machen.

Führen Sie das Feedback durch:

- Wie haben Sie insgesamt gewirkt?
- Welche sprachlichen Signale haben stark oder schwach gewirkt?
- Wie haben Ihre Körpersprache und Ihre Haltung gewirkt?
- Wie schlüssig waren Ihre Nutzenargumente?
- Was können Sie konkret optimieren?

Führen Sie das Rollenspiel einige Male durch. Noch effektiver können Sie üben, wenn in jedem neuen Rollenspiel eine andere Person die Rolle des Chefs übernimmt.

So führen Sie das Gespräch

Sie sind nun bestens vorbereitet und haben gute Chancen, sich durchzusetzen.

- Geben Sie Ihrem Chef ein Exemplar Ihrer schriftlich ausgearbeiteten Argumentationskette. Bitten Sie darum, Ihre sechs Punkte zunächst in Gänze vortragen zu dürfen. Sie vermeiden Unterbrechungen und können Ihren roten Faden verfolgen. Ein weiterer Vorteil ist, dass so manche Einwände erst gar nicht entstehen.

- Gehen Sie anhand Ihres Exemplars (das durchaus ausführlicher sein kann als das Exemplar, welches Sie für Ihren Chef angefertigt haben) Ihre Punkte durch. „Zu Punkt 1..., zu Punkt 2..., zu Punkt 3... usw." Sie signalisieren Klarheit und Entschiedenheit.

- Fragen Sie Ihren Chef am Ende der Präsentation: „Wie sehen Sie die Sache?", und stellen Sie sich mental auf eine Zustimmung ein.

- Wenn Ihr Chef zustimmt, sind Sie auf der Gewinnerseite. Bedanken Sie sich und geben Sie keine weiteren Kommentare ab.

Sollten Sie nicht direkt zum Ziel kommen, zeigen Sie, dass Sie über eine gehörige Portion Durchsetzungsvermögen verfügen. Geben Sie nicht auf, seien Sie beharrlich. Fragen Sie,

- welche messbaren Leistungen er von Ihnen erwartet, damit Sie die Anforderungen, die an eine Gehaltserhöhung geknüpft sind, erfüllen können,

- was genau Sie forcieren können,

- welche Informationen Ihr Chef zusätzlich benötigt, um der Gehaltserhöhung zuzustimmen,

- ob Sie aus seiner Sicht grundsätzlich eine Gehaltserhöhung verdienen und nur der Zeitpunkt nur ungünstig ist.

Gehaltserhöhung nicht in Sicht?

Manchmal ist trotz bester Vorbereitung und Argumentation kein Erfolg in Sicht. Dann bietet sich an, nach Alternativen zu suchen. Fragen Sie, ob es andere Vergünstigungen gibt, über die Ihr Chef mit Ihnen sprechen kann, z. B.:

- Kann Ihre Arbeitszeit flexibler werden?

- Sind mehr Urlaubstage möglich?

- Bekommen Sie einen Firmenwagen?

- Können Sie mehr Fortbildungen wahrnehmen?

Verlangen Sie nicht sofort eine Antwort, bitten Sie Ihren Chef, die Möglichkeiten zu prüfen und vereinbaren Sie auf jeden Fall einen weiteren Termin. Ein „Dankeschön" am Ende des Gesprächs ist selbstverständlich.

Wenn Sie für mehrere Chefs arbeiten

Es gibt unterschiedliche Konstellationen, in denen Sie zwei oder mehrere Chefs haben.

Beispiele

Die Officemanagerin arbeitet dem Projektleiter und dem Abteilungschef zu.

Die Officemanagerin arbeitet dem Projektleiter, dem Abteilungschef und dem Bereichsleiter zu.

Der Projektleiter arbeitet dem Abteilungsleiter und zwei Bereichsleitern zu.

Der Produktmanager arbeitet dem Abteilungsleiter und zwei Geschäftsführern zu.

Ganz gleich, in welcher Konstellation Sie sich befinden, Sie gehören zu jenen Mitarbeitern, die einerseits täglich Routinearbeiten erledigen und andererseits spezielle Aufgaben und Projekte eigenverantwortlich betreuen.

Nun tritt die heikle Situation auf: Drei Chefs wollen gleichzeitig etwas von Ihnen und Sie hören berühmten Satz: „Machen Sie das doch mal eben, die Sache ist sehr wichtig."

So gehen Sie mit der Situation um

In der Regel halten Chefs alles, was sie machen, für sehr wichtig und entsprechend sehr dringend. Ihr Trumpf ist in so einer Situation die größtmögliche Gelassenheit. Behalten Sie einen klaren Kopf und hüten Sie sich davor, die Nerven zu verlieren und unsachlich zu werden. Lassen Sie sich durch Ihre inneren Antreiber nicht aus der Fassung bringen.

Folgende Gedanken sollten Sie gar nicht erst aufkommen lassen:

- Ich muss perfekt und schell sein.
- Ich muss sofort allen helfen.
- Ich muss die Situation allein in den Griff kriegen.
- Ich darf niemanden enttäuschen.

Niemand kann von Ihnen verlangen, dass Sie zaubern oder übermenschliche Kräfte entwickeln. Sie können unmöglich in kurzer Zeit die Arbeit schultern, für die mehrere Mitarbeiter notwendig währen. Denken Sie deshalb „Stopp" und schalten Sie um:

- In der Ruhe liegt die Kraft.
- Eins nach dem anderen.
- Ich setze Prioritäten.
- Ich entscheide mit, was geschieht.
- Ich finde gute Lösungen.
- Durchatmen und anpacken.

Stellen Sie fest, ob die an Sie herangetragenen Anliegen „nur" wichtig oder äußerst dringend sind. Meistens ist Ersteres der Fall.

Wichtige Anliegen

Wichtige Anliegen sind alle Anliegen, die sich außerhalb einer kritischen Situation befinden und (wenn auch kurzfristig) terminierbar sind. Fragen Sie ganz einfach, bis wann genau die Sache erledigt sein soll. Nur Sie können überblicken, ob Sie Ihre Abgabetermine auch wirklich einhalten können.

Ist ein Termin unrealistisch oder zu knapp, verhandeln Sie neue Prioritäten. Sagen Sie niemals, was Sie nicht leisten können in einer bestimmten Zeit. Sagen Sie vielmehr, was möglich ist und bis wann.

Wenn ein Vorgesetzter hartnäckig ist und keine Rücksicht auf Ihre Prioritäten und die Prioritäten Ihrer anderen Chefs nehmen will, bitten Sie ihn, sich mit den Kollegen zu einigen, in welcher Reihenfolge Sie die unterschiedlichen Aufgaben bearbeiten sollen. Delegieren Sie die Entscheidung. Wenn sich Ihre Chefs nicht einigen können oder wollen, setzen Sie die höchste Priorität und bearbeiten zuerst das Anliegen desjenigen, dem Sie disziplinarisch unterstellt sind.

Dringende Anliegen

Stellen Sie fest, ob eines der an Sie herangetragenen Anliegen wirklich dringend ist und keinen Aufschub erlaubt. Bedenken Sie: Gerade Workaholics neigen dazu, das Wort „dringend" besonders gerne in den Mund zu nehmen - deshalb sind die Anliegen solcher Führungskräfte immer „dringend". Diese sollten Sie jedoch stets genauer ansehen.

Dringende Anliegen sind Anliegen, bei denen wirklich „die Bude brennt." Es sind äußerst kritische Situationen, in denen zum Beispiel ein am Telefon aufgebrachter Kunde abzuspringen droht, wenn er nicht augenblicklich den Kostenvoranschlag auf den Tisch bekommt. Es sind kritische Situationen, die ein sofortiges Handeln erfordern, um Verluste zu minimieren oder zu verhindern.

Ist eines der Anliegen Ihrer Chefs im Sinne der obigen Definition dringend, teilen Sie den anderen mit, dass Sie sich wegen der Abgabetermine direkt wieder an sie wenden, nachdem das brennende Anliegen erledigt ist. Nennen Sie eine aus Ihrer Sicht realistische Uhrzeit. Hüten Sie sich davor, sich zu rechtfertigen nach dem Motto „Herr Müller, ich würde ja gleich für Sie dies und jenes machen, aber es tut mir leid, ich muss erst für Herrn Mayer ..." Besser ist etwa diese Aussage:

„Herr Müller, ein Kunde verlangt sofortige Resultate, in etwa 45 Minuten melde ich mich bei Ihnen."

Bearbeiten Sie die dringende Angelegenheit unverzüglich. Nachdem sie erledigt ist, kontaktieren Sie die anderen Chefs und vereinbaren Sie Abgabetermine für deren jeweilige Anliegen.

> Die Kunst bei mehreren Vorgesetzten besteht darin, systematisch vorzugehen, anstatt sich vom Trubel überrollen zu lassen.

Chefallüren wirkungsvoll begegnen

Viele Chefs demonstrieren bewusst oder unbewusst ihre wichtige Position, ihre Überlegenheit oder ihren Stress. Auch ihre körpersprachlichen Signale können Mitarbeiter verunsichern oder in die Enge treiben.

Wie Sie sich abgrenzen

Beispiel: Mein Chef kommt ins Büro

 Ein Seminarteilnehmer berichtet: „Es passiert mir öfter, dass ich mit einem Kunden telefoniere, mein Chef kommt in mein Büro, setzt sich auf die Kante des Schreibtischs, schaut mich mit gestresster Mine an und klopft mit den Fingern auf die Tischplatte. Es ist dann für mich schwer, mich auf das Gespräch mit dem Kunden zu konzentrieren. Ich habe meinem Chef schon gesagt, er solle es einfach lassen, aber er richtet sich nicht danach."

In der Tat nutzt es oft wenig, wenn Sie einem Chef sagen, was Sie stört. Worte haben bei weitem nicht die gewünschte

Wirkung. Elias Canetti meinte einmal passend zu diesem Thema: „Es gibt keine größere Illusion als die Meinung, Sprache sei ein Mittel der Kommunikation zwischen Menschen."

Wirkungsvoller können Sie mit der Situation umgehen, wenn Sie sich ebenfalls des Kommunikationsmittels „Körpersprache" bedienen.

Gehen Sie ruhig davon aus, dass es Ihnen zusteht, das zu tun, was Sie für richtig halten. Leiden Sie nicht länger unter den Eigenarten Ihres Vorgesetzten, sondern übernehmen Sie Verantwortung für Ihre Situation und handeln Sie. In unserem Beispiel ist das: Zuerst das Gespräch mit dem Kunden stressfrei zu Ende zu führen. Sehen Sie sich an, wie das geht:

Bleiben Sie ruhig, gelassen und freundlich.

1 Sagen Sie dem Kunden: „Eine Sekunde, ich bin sofort wieder für Sie da."

2 Drücken Sie auf die Stummtaste.

3 Schauen Sie Ihren Chef an, geben Sie ihm mit Ihrer Handfläche ein Stopp-Zeichen und sagen Sie ihm, dass Sie gleich für ihn da sind.

4 Wenden Sie sich vom ein wenig von ihm ab.

5 Stellen Sie die Verbindung zum Kunden wieder her und führen Sie das Gespräch zu Ende.

6 Legen Sie auf, wenden Sie sich Ihrem Vorgesetzten zu: „Jetzt bin ich gerne für Sie da."

Für den Schritt 2 und 3 brauchen Sie natürlich Fingerspitzengefühl. Die meisten Kunden haben für einen kurzen Unterbrecher Verständnis. Wenn Sie sich dessen nicht sicher sind, geben Sie Ihrem Chef nonverbal ein Zeichen.

Führen Sie den Punkt 4 (ohne Ansage) bis Punkt 7 durch. Notfalls müssen Sie dieses Prozedere wiederholen, bis ein Vorgesetzter begreift, dass es völlig legitim ist, wenn Sie einen Arbeitsvorgang erst zu Ende führen wollen. Bleiben Sie konsequent, der Aufwand lohnt sich.

Körperhaltungen, die verunsichern

Beispiel: Die Kobra im Chefsessel

 Im Coaching berichtet eine Jungmanagerin: „Ich werde durch die Sitzhaltung meines Chefs immer wieder irritiert und komme aus dem Konzept. Er sitzt mir gegenüber und hält die Hände verschränkt im Nacken bei angehobenen Ellenbogen. Das verunsichert mich."

Es ist kein Wunder, dass diese Körperhaltung verunsichern kann. Wir können zwar keine Gedanken lesen, doch dieses körpersprachliche Signal wirkt (wie bei einer Kobra, die ihren Kopf ausbreitet) angriffslustig. Diese Geste des Vorgesetzten signalisiert: „Ich bin hier der Herr im Haus, ich bin dir überlegen, hier kriegt mich nicht so schnell jemand weg und das genieße ich, ich bin oben und du bist unten." Dieses Signal ist ein Herrschaftssignal, ein Signal der Dominanz. Dadurch kreiert die Führungskraft eine Gesprächssituation, in der die Beziehungsebene in eine Schieflage gerät. Der Chef fühlt sich wohl, dem Mitarbeiter geht es schlecht. Aus dieser schwachen Position heraus ist es mühsam, ein konstruktives Gespräch auf Augenhöhe zu führen.

So führen Sie die Balance herbei

Die Körpersprache ist ein sehr wirkungsvolles Steuerungsinstrument. Bringen sie die Schieflage durch ein körpersprachliches Signal in Balance. Das ist ganz einfach: Halten Sie Ihrem Vorgesetzten den Spiegel vor. Damit gelingt es in der Praxis sehr oft, ihn dazu zu bewegen, sich aus der Herrschaftsposition zu lösen. In unserem Beispiel ist das die Technik der „kleinen Kobra":

1 Nehmen Sie eine aufrechte Sitzhaltung ein und halten Sie Blickkontakt.

2 Führen Sie beide Hände gleichzeitig zu den Schläfen und deuten Sie an, dass Sie sich die Haare nach hinten streifen.

3 Führen Sie die Hände runter und legen Sie Ihre Handflächen (maximal schulterbreit) an den Tischrand.

In den meisten Fällen unterlässt der Chef die Kobrahaltung und setzt sich vernünftig hin. Sie gewinnen Ihre Sicherheit zurück und können aus dieser Position ein produktives Gespräch auf Augenhöhe führen.

Wenn der Chef die Intimsphäre nicht achtet

Ein eindeutiges Zuzwinkern, die Hände zu lange auf der Schulter, schamlose Fragen zum Privatleben – leider gibt es im Berufsleben immer wieder Fälle, in denen Vorgesetzte ihre Position unverschämt ausnutzen, indem sie ihre Mitarbeiter mit ihren Blicken, Bemerkungen oder gar durch Berührungen belästigen.

Der Umgang mit solchen Situationen erfordert einen klaren Kopf, selbstsicheres Auftreten und sofortige Gegenmaßnahmen. Andernfalls wird ein unsittlich handelnder Chef förmlich eingeladen, fortzufahren.

Beispiel: Blicke, die ausziehen

Frau Liebrecht, eine Altenpflegerin berichtet: „Der Geschäftsführer unserer Einrichtung hat mich gebeten, dass ich ihm meine Wochenberichte jeden Mittwoch um 11 Uhr vorbeibringe, damit er mit mir die Daten persönlich durchgehen kann. Es kam mir schon etwas komisch vor, denn andere Mitarbeiter leiteten ihre Berichte per Hauspost weiter. Ich dachte, er will vielleicht mit mir sprechen, weil ich neu eingestellt wurde und noch viel Neues lernen muss.

Bei der ersten und zweiten Besprechung verlief alles noch ganz normal. Doch dann fing es an. Bei der dritten Besprechung merkte ich, dass er mich mit seinen Blicken auszog, es war mir sehr peinlich, aber ich tat so, als ob ich nichts bemerke. Außerdem wunderte ich mich, warum er mich so anschaut, an mir ist nichts Besonderes dran. Von Woche zu Woche wurden seine Blicke unverschämter, dazu kamen hier und da die peinliche Sprüche, zuletzt berührte er mich scheinbar zufällig am Knie, während er meine Arbeit lobte. Ich hatte zunehmend Angst bekommen, zur Arbeit zu gehen, schlief schlecht und bekam Magenbeschwerden. Ich traute mich nicht, mit jemanden darüber zu sprechen, es gab schließlich keine Zeugen. Außerdem schämte ich mich. Meine körperliche und psychische Verfassung wurde immer schlimmer, bis ich richtig krank wurde. Schließlich kündigte ich und suchte mir einen neuen Job."

Handeln Sie unverzüglich

Mitarbeiter, die sich gegen sexuelle Belästigungen am Arbeitsplatz nicht wehren können, geraten in die klassische Konstellation eines Opfer-Täter-Verhältnisses. Je weniger sie sich wehren, desto´dreister werden ihre Peiniger. Die Situation wird immer aussichtsloser: Das Opfer fühlt sich machtlos und hebt den Täter in die Position des Mächtigen.

Ursachen für diese Einstellung sind häufig:

- mangelndes Selbstbewusstsein,
- grundsätzlich falsches Verständnis des Gehorsams gegenüber Autoritäten,
- Schamgefühl,
- Ohnmachtgefühl,
- die Hoffnung, dass sich die Situation von alleine auflöst und damit verbundene Missachtung des eigenen Täteranteils, der darin besteht, dass das Opfer keine Verantwortung für das eigene Handeln übernimmt,
- die Angst vor harten Sanktionen oder sogar um den Arbeitsplatz.

So bekommen Sie die Situation in den Griff

Wie Sie Ihre Einstellung ändern

Werden Sie sich bewusst, dass die Würde des Menschen unantastbar ist. Gewiss, vieles ist gesetzlich geboten beziehungsweise verboten. Trotzdem werden Gesetze missachtet, so wie eben auch hier und da die Würde der Mitarbeiter. Sie haben sich selbst gegenüber die Pflicht, Ihre Würde zu schützen. Niemand kann und wird diesen Part und diese Verantwortung für Sie übernehmen.

Werden Sie sich bewusst, dass Sie ein Arbeitnehmer sind, der dem Unternehmen im Arbeitsvertrag festgelegte Dienstleistungen erbringt. Sie „verkaufen" Ihre Arbeitskraft und Sie arbeiten der Führungskraft im Rahmen festgelegter Vereinbarungen zu. Weiter nichts!

Nehmen Sie Ihre Schamgefühle bewusst wahr und nehmen Sie diese als ein eindeutiges Zeichen an, dass Sie aus der Balance geraten sind. Ihre Gefühle sind Motor, der Sie befähigen kann, in Aktion zu treten.

Es ist nicht leicht, sich bewusst zu werden, dass Sie, wenn Sie sich nicht wehren, durch einen sogenannten Täteranteil zur Missbrauchsdynamik beitragen. Mit anderen Worten: Wenn Sie sich nicht wehren, sind Sie kein unschuldiges Opferlamm mehr, sondern Mittäter. Das klingt absurd, doch bei näherer Betrachtung kann diese Sichtweise Potenziale freisetzen, die Sie nutzen können. Stecken Sie nicht den Kopf in den Sand, handeln Sie, Sie haben nichts zu verlieren, außer Ihrem alten Regenschirm! Wie viel ist Ihnen ein Arbeitsplatz Wert, der Sie krank macht?

Wie Sie konkret handeln können

Denken Sie an die Wirkung der Körpersprache. Schauen Sie den Täter bei den ersten Anzeichen unsittlicher Belästigungen mit festem Blick an.

Richten Sie sich auf. Gehen Sie zwei Schritte zurück. Heben Sie Ihre Hand und strecken Sie Ihrem Gegenüber die Handfläche als Stopp-Zeichen entgegen. In der anderen Hand halten Sie vor dem Brustbereich eine Akte als Schutzschild. So signalisieren Sie deutlich, dass Sie den nonverbalen, verbalen oder körperlichen Übergriff bewusst wahrnehmen und rigoros missbilligen.

Was Sie konkret sagen können

Wichtig ist, dass Sie deutlich ansprechen, worum es Ihnen geht. Wenn der Vorgesetzte z. B. zu wenig Abstand hält, könnten Sie sagen:

„Aus der Kommunikationswissenschaft ist bekannt, dass die persönliche Zone eines jeden Menschen 46 cm beträgt. Ich bitte Sie dringend, diese Tatsache zu respektieren und einen gebührenden Abstand zu halten. So kann ich mich voll und ganz auf die Fakten in unserem Gespräch konzentrieren." Manchmal hilft auch schon ein fester Blick und eine Frage in einem neutralen Ton, mit der Sie dem Gegenüber die Stirn bieten: „ Wissen Sie genau, was Sie da tun?"

So oder ähnlich können Sie den Chef in die Schranken weisen. Niemand kann Ihnen an dieser Stelle sagen, wie genau Ihr Gegenüber reagieren wird. Der Erfahrung folgend geht der

Übeltäter zur Tagesordnung über und die Sache ist weitestgehend erledigt.

Ausnahmesituationen

Es gibt aber auch Situationen, in denen kein Reden mehr hilft:

Beispiel: Mein Chef wurde handgreiflich

Frau Rehbein, eine Sachbearbeiterin, berichtet: „Nachdem meine Kinder aus dem Gröbsten waren, beschloss ich, in meinen Beruf wieder einzusteigen. Unzählige Bewerbungen blieben monatelang ohne Erfolg. Dann gelang es mir doch, durch eine Zeitarbeitsfirma einen befristeten Job in einem mittelständischen Unternehmen zu finden. Ich freute mich sehr, das war für mich ein Sprungbrett in das berufliche Leben.

Bald merkte ich, dass mein Abteilungsleiter ständig auf meine Brust starrte. Es war mir sehr unangenehm, manchmal kochte ich innerlich vor Wut. Doch ich tat so, als merkte ich nichts und hoffte, dass er damit aufhört. Schließlich wollte ich kein Aufsehen erregen und meinen Job behalten.

Dann aber eskalierte die Sache. Nach einer Kaffeepause sammelte ich wieder einmal ein paar Tassen ein und trug sie in die Teeküche. Es war niemand da. Als ich das Tablett abstellen wollte, spürte ich, wie mir jemand plötzlich von hinten an die Brust fasste. Schnell drehte ich mich um und sah den Abteilungsleiter. Wut stieg in mir hoch. Reflexartig bat ich ihn, das Tablett zu halten. Er tat es auch, seine Hände waren jetzt beschäftigt und ich gab ihm eine saftige Ohrfeige. Er stellte das Tablett ab und ging wortlos weg. Der Vorfall hatte entgegen meiner Befürchtung keine Konsequenzen. Ich hatte meine Ruhe. Allerdings war ich froh, das ich nach Vertragsablauf durch die Zeitarbeitsfirma einen anderen Job bekam."

Es ist müßig darüber nachzudenken, was geschehen wäre, wenn sich Frau Rehbein schon viel eher gewehrt hätte, und zwar mit Worten. Eines ist aber sicher: Wut und reflexartiges Handeln können allemal hilfreicher sein, als zu leiden. Es steht außer Frage, dass handgreifliche Abwehr das letzte Mittel sein sollte. Denn es birgt ein großes Risiko in sich und der Preis kann sehr hoch sein. Doch manchmal, wie im Fall von Frau Rehbein, hilft eben wirklich nur noch eine schallende Ohrfeige.

Was tun, wenn keine Abwehr hilft?

Finden Sie auf jeden Fall unverzüglich professionelle Hilfe. Fragen Sie in Ihrem engsten Familien- oder Freundeskreis nach adäquaten Beratungsstellen in Ihrer Umgebung. Außerdem ist es sinnvoll, einen Rechtsanwalt aufzusuchen. Am besten jemanden, der sich mit Arbeitsrecht und dem Gesetz zum Schutz der Beschäftigten vor sexueller Belästigung am Arbeitsplatz auskennt und mit Ihnen konkrete Gegenmaßnahmen erörtert. Mit diesem sollten Sie dann auch konkret über das Kündigungsverfahren sprechen.

Zum Thema bietet das Internet einige gute Adressen, z. B. www.mobbing-web.de.

Nie wieder sprachlos

In vielen Situationen (nicht nur) in unserem beruflichen Leben bleibt uns einfach buchstäblich die Spucke weg. Nicht selten passiert dies in Gesprächen mit dem Vorgesetzten. Und wenn wir uns wieder gefangen haben, denken wir: „Hätte ich doch bloß dieses oder jenes gesagt ...“ Beherzte, spontane Antworten in der akuten Situation verlangen jedoch sehr viel Zivilcourage und oft bleibt die Spontaneität einfach auf der Strecke. Legen Sie sich deshalb ein simples Aktionsrepertoire zu, das Ihnen eine adäquate Reaktion ermöglicht: Damit Sie in Zukunft Sie nicht mehr sprachlos sein müssen, können Sie sich eines der drei goldenen Schlüssel bedienen.

Mit drei goldenen Schlüsseln argumentieren

Wenn Sie das nächste Mal in eine Situation geraten, in der Sie gerne schlagfertig kontern möchten, versuchen Sie, folgende Anregungen umzusetzen:

1 „Jetzt bin ich einfach sprachlos.“ Indem Sie diesen Satz ausgesprochen haben, haben Sie schon eine Antwort gegeben. Dieser einfache Satz erzielt oft mehr Wirkung als tausend „schlagende“ Argumente.

2 „Eine Sekunde bitte, ich suche nach einer adäquaten Antwort.“ Mit dieser Ansage signalisieren Sie Präsenz.

3 „Was genau meinen Sie damit?“ Mit dieser Frage signalisieren Sie Ihrem Chef, dass Sie sich nähere, konkrete In-

formationen wünschen und verschaffen sich Freiraum, wieder in Balance zu kommen.

Für Sie als Angestellter wird es immer wieder eine Herausforderung sein, zwischen Ihnen und Ihrem Chef eine Brücke zu bauen. Möge für Sie beim Brückenbauen ein Gedanke von Eugen Roth hilfreich sein: „Ein Mensch fühlt oft sich wie verwandelt, sobald man ihn menschlich behandelt."

Stichwortverzeichnis

Bibliografische Information der Deutschen Nationalbibliothek
Die Deutsche Nationalbibliothek verzeichnet diese Publikation in der Deutschen National-
bibliografie; detaillierte bibliografische Daten sind im Internet über http://dnb.d-nb.de
abrufbar.

ISBN 978-3-648-00491-3
Bestell Nr. 00873-0002

2., aktualisierte Auflage 2010

© 2010, Haufe-Lexware GmbH & Co. KG, Munzinger Straße 9, 79111 Freiburg
Redaktionsanschrift: Fraunhoferstraße 5, 82152 Planegg/München
Telefon: (089) 895 17-0
Telefax: (089) 895 17-290
www.haufe.de
online@haufe.de
Lektorat: Tobias Büscher, Sylvia Rein
Redaktion: Jürgen Fischer
Redaktionsassistenz: Christine Rüber

Umschlaggestaltung: Kienle gestaltet, Stuttgart
Umschlagentwurf: Agentur Buttgereit & Heidenreich, 45721 Haltern am See
Cartoons: Vladimir Holas, 97340 Marktbreit
Desktop-Publishing: Agentur: Satz & Zeichen, Karin Lochmann, 83129 Höslwang
Druck: freiburger graphische betriebe, 79108 Freiburg

Die Autorin

Alena Sarholz,

Pädagogin, NLP-Practioner und Fachautorin, ist seit vielen Jahren als selbstständige Trainerin für nationale und internationale Unternehmen tätig sowie u. a. auch für die Haufe Akademie. Ihre Spezialgebiete sind Kommunikation, Motivation, Selbstmanagement und Führung.

Weitere Literatur

„Machtspiele. Die Kunst, sich durchzusetzen", von Matthias Nöllke, 229 Seiten, € 19,80.
ISBN 978-3-448-08053-7, Bestell-Nr. 00088

„Manipulationstechniken. So wehren Sie sich", von Andreas Edmüller und Thomas Wilhelm, 352 Seiten, € 14,95.
ISBN 978-3-448-10124-9, Bestell-Nr. 00261

„Das Lotusblütenprinzip. Gelassenheit im Job durch den Abperl-Effekt", von Thomas Augspurger, 192 Seiten, € 19,80.
ISBN 978-3-448-09279-0, Bestell-Nr. 00207

TaschenGuides – Qualität entscheidet